U0215267

悦读科学丛书

盛新庆 著

伽罗瓦群论之美
——高次方程不可根式求解证明赏析

清华大学出版社
北京

内 容 简 介

本书从分析二次、三次、四次多项式方程求解过程开始。通过从"数集扩大"和"根系对称性"两个角度观察多项式方程求解过程，抽象出两个核心概念"域"和"群"。围绕"域"和"群"，继续以方程求解过程为研究材料，进行再提炼和抽象：发明"域"和"群"的数学运算，揭示多项式根系扩域及其伽罗瓦群的正规性，以及它们之间的对应关系，展示高次方程不可根式求解的机理。在此基础之上，本书简略探究了伽罗瓦群论诞生的过程，以及对更一般群论的理解，深化对群论的认识。除此之外，本书还联想阐释：微积分、复变函数，甚至诗歌、绘画，其创造过程与群论创建一脉相承，从而在更广泛意义上，展示抽象的力量，抽象的化繁为简之美。本书意在希望通过重温或虚构群论发明的抽象过程，展示抽象的力量之美，探讨原创力的根源，启发对教育宗旨和内涵的再思考、再定义。

本书可作为中学生和大学生的素质教育教材，也可供对数学、思想、创造力、教育等领域感兴趣的读者参阅。

版权所有，侵权必究。 举报：010-62782989，beiqinquan@tup.tsinghua.edu.cn。

图书在版编目（CIP）数据

伽罗瓦群论之美：高次方程不可根式求解证明赏析/盛新庆著.—北京：清华大学出版社，2021.4（2024.12重印）

（悦读科学丛书）

ISBN 978-7-302-57802-4

Ⅰ．①伽… Ⅱ．①盛… Ⅲ．①代数方程－普及读物 Ⅳ．①O151.1-49

中国版本图书馆 CIP 数据核字（2021）第 055406 号

责任编辑：鲁永芳
封面设计：常雪影
责任校对：王淑云
责任印制：沈 露

出版发行：清华大学出版社
    网　　址：https://www.tup.com.cn, https://www.wqxuetang.com
    地　　址：北京清华大学学研大厦 A 座 邮　编：100084
    社 总 机：010-83470000 邮　购：010-62786544
    投稿与读者服务：010-62776969，c-service@tup.tsinghua.edu.cn
    质量反馈：010-62772015，zhiliang@tup.tsinghua.edu.cn
印 装 者：北京博海升彩色印刷有限公司
经　　销：全国新华书店
开　　本：170mm×240mm 印　张：8.25 字　数：98 千字
版　　次：2021 年 6 月第 1 版 印　次：2024 年 12 月第 5 次印刷
定　　价：55.00 元

产品编号：091354-01

高次方程不可根式求解，其论证之美，让人惊羡不已！一直视为宝物，存之、赏之、玩之，也偶有心觉。

2018年，撰写《群论思想及其力量小议——高次方程不可根式求解的理解》，欲分享心觉，憾欠清澈、乏通俗。

高次方程不可根式求解的论证是伽罗瓦群论力量、群论之美的集中体现。增故事、添趣闻或补应用，虽能哗众，但无益通明。盖散述杂物，少有智照。

穷理才能致知！何以穷理？马一浮先生曾说："穷理功夫下手处，只能依他古来已证之人所说，一一反之自心，仔细体究，随事察识，不等闲放过。"只有抓住论证这个核心，细细体会、把玩，理才能清，美才能现。

"通俗"，只有"通"，才能"俗"！忆《群论思想及其力量小议——高次方程不可根式求解的理解》，欠"要其当要、略其当略"，论证乏"俗"，少"细"，譬如"多项式分裂域是正规扩域""正规扩域群序列是正规群序列"，只是照着经典著作去说。

这本小册子《伽罗瓦群论之美——高次方程不可根式求解证明赏析》，意在上本小册子基础上，增例子，明主次，让叙述再俗一点儿、再细一点儿。

　　本册子大致分为三部分。第 1 章至第 10 章为第一部分,意在理解高次方程为何不可根式求解,其中第 6、7、8 章最为关键,略显复杂,但似不可回避,只能花气力细细体会。第 11 章至第 15 章为第二部分,意在对伽罗瓦群论的溯源和深化,略显抽象,好在独立成篇,若无兴趣,直接略去。第 16 章至第 20 章为第三部分,由群论构建历程联想到微积分与复数之创建,以及艺术创作和当今教育问题,无实质,一些联想和抒情罢了,慰藉散文而已。

　　尼采说:"上帝死了!一切价值需要重新评估!"像一把火,点燃了很多人;像一盏明灯,照亮了方向。可是,再旺的火也有烧尽之时;再亮的灯光也有穷尽之处。尼采疯了!终究没有成为他理想中的那种能控制住激情的超人。也许上帝并不存在,可是世间能帮助控制激情的神性一直都在!群论就有。故欲加阐释,或有益于世。

第一部分　问题之理解

第二部分　问题之深化

第一部分

问题之理解

曰：遂古之初，谁传道之？

上下未形，何由考之？

冥昭瞢暗，谁能极之？

冯翼惟像，何以识之？

明明暗暗，惟时何为？

阴阳三合，何本何化？

圜则九重，孰营度之？

惟兹何功，孰初作之？

斡维焉系？ 天极焉加？

八柱何当？ 东南何亏？

九天之际，安放安属？

隅隈多有，谁知其数？

——屈原《天问》

　　一连串天地之问，展现了诗人非凡的胸襟和品格。一个人终极关怀
的问题往往决定着其最终的层次和品格。

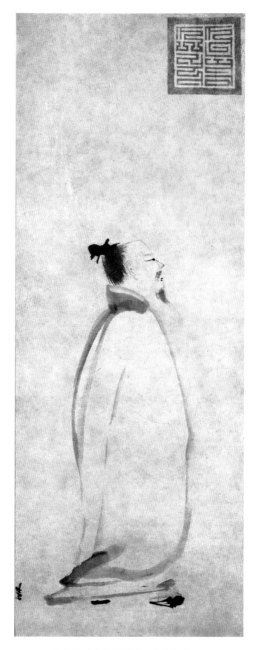

南宋绘画大师梁楷的《太白行吟图》

一元二次方程配方求解

问题是一门学问的核心。好的问题往往能孕育出新理论、新方法、新工具。解方程就是一个很好的数学问题,它孕育了复数,由此建立了强大的复变函数理论及分析工具;更孕育出现代数学的开端——群论。下面就来看看解方程是如何孕育出群论的。

不妨以一元二次方程的求解为例:

$$ax^2 + bx + c = 0, \quad a \neq 0 \tag{1.1}$$

这里 a、b、c 为有理数。我们知道,为了解此方程,需要将此方程左边配方成如下形式:

$$a\left[x^2 + \frac{b}{a}x + \left(\frac{b}{2a}\right)^2\right] - \frac{b^2}{4a} + c = a\left(x + \frac{b}{2a}\right)^2 - \frac{b^2 - 4ac}{4a} \tag{1.2}$$

令

$$y = x + \frac{b}{2a} \tag{1.3}$$

$$s = \frac{b^2 - 4ac}{4a^2} \tag{1.4}$$

上面方程(1.2)便变为如下一元二次常数方程:

$$y^2 = s \tag{1.5}$$

这样 y 便可用根式表达出来

$$y = \pm \sqrt{s} \tag{1.6}$$

进而原方程的两个根便可求出

$$x_1, x_2 = \frac{-b \pm \sqrt{b^2 - 4ac}}{2a} \tag{1.7}$$

上述是大家都熟知的一元二次方程配方求解方法。下面要考虑的是:这种方法能否用于求解一元三次、一元四次,乃至任意次一元多项式方程呢?

空山新雨后，天气晚来秋。

明月松间照，清泉石上流。

竹喧归浣女，莲动下渔舟。

随意春芳歇，王孙自可留。

——王维《山居秋暝》

仿佛一幅画。点明了画中最让人愉悦的亮点，并用语言极其传神地表达出来——"明月松间照，清泉石上流"。

北宋画家范宽的《溪山行旅图》

第
2
章

一元三次方程置换求解

不妨先看下面的一元三次方程：

$$ax^3 + bx^2 + cx + d = 0, \quad a \neq 0 \qquad (2.1)$$

按照第 1 章求解一元二次方程的配方方法，我们需要通过配方将方程 (2.1) 变成如下形式的三次常数方程：

$$y^3 = s, \quad s \text{ 是一个常数} \qquad (2.2)$$

但我们发现直接仿照一元二次方程的配方方法，是不能将方程 (2.1) 变成方程 (2.2) 形式的，除非一元三次方程 (2.1) 的系数 a、b、c 满足一定条件。

现在我们换个角度看第 1 章一元二次方程的求解。不妨将配方法看

成是通过引入如下变换:

$$y = x + \frac{b}{2a} \tag{2.3}$$

将一般一元二次方程变成了一个一元二次常数方程。按照这个角度去看一元三次方程求解,我们的问题就变成:是否可以找到一个变换 $y = f(x)$,能将一般一元三次方程变成一元三次常数方程?

下面的关键就是找到这个变换。在对新问题没有清晰思路的情况下,不妨回到与此相关的老问题上。为此,对一元二次方程求解公式再做一点分析,看看能否找到思路。很显然,一元二次方程的根表达式中的根号项很重要,因为从某种意义上说,它是将一般一元二次方程转化成一元二次常数方程(形如 $x^2 = s$)所要进行的变换。为了看清楚此变换,将方程(1.7)写成

$$x_1, x_2 = \frac{1}{2}\left[\frac{-b}{a} \pm \sqrt{\left(\frac{b}{a}\right)^2 - \frac{4c}{a}}\right] \tag{2.4}$$

根据韦达定理,有

$$\begin{cases} x_1 + x_2 = \dfrac{-b}{a} \\ x_1 x_2 = \dfrac{c}{a} \end{cases} \tag{2.5}$$

可以知道根号部分实际上就是 $\pm(x_1 - x_2)$。也就是说,经过变换式 $y_1 = x_1 - x_2$ 和 $y_2 = x_2 - x_1$ 而得的 y_1 和 y_2 满足一元二次常数方程。由此可见,变换式是方程两个根的线性组合,组合系数是 1 和 -1。这组组合系数 1 和 -1 恰巧是二次单位根。两个具体变换式正是这组组合系数——两个二次单位根交换位置而成:变换式 y_1 是单位根 1 作为 x_1 的

系数,单位根 -1 作为 x_2 的系数组合而成;变换式 y_2 是单位根 1 和 -1 置换位置,单位根 -1 作为 x_1 的系数,单位根 1 作为 x_2 的系数组合而成。

很容易看到,上述分析是便于推广到任意一元高次方程的。为了方便,我们把单位根 1 和 -1 作为系数,在 x_1 和 x_2 前位置的交换称为置换。据此可以推测,一元三次方程的变换式也应该是此方程三个根的线性组合,组合系数是三次单位根 1、ω、ω^2,这里 $\omega^3=1$,具体变换式就是三次单位根 1、ω 和 ω^2 作为 x_1、x_2 和 x_3 前系数置换而成,置换个数为 $3!=6$,具体为

$$\begin{cases} y_1 = x_1 + \omega x_2 + \omega^2 x_3 \\ y_2 = x_1 + \omega^2 x_2 + \omega x_3 \\ y_3 = \omega x_1 + x_2 + \omega^2 x_3 \\ y_4 = \omega x_1 + \omega^2 x_2 + x_3 \\ y_5 = \omega^2 x_1 + \omega x_2 + x_3 \\ y_6 = \omega^2 x_1 + x_2 + \omega x_3 \end{cases} \tag{2.6}$$

关于以变换式 $y_i(i=1,2,\cdots,6)$ 为根的方程应该为

$$\prod_{i=1}^{6}(y-y_i)=0 \tag{2.7}$$

根据三次单位根 ω 的性质,不难得到 $y_4=\omega y_1$,$y_3=\omega y_2$,$y_5=\omega^2 y_2$,$y_6=\omega^2 y_1$。于是式(2.7)便可简化为

$$(y^3-y_1^3)(y^3-y_2^3)=0 \tag{2.8}$$

因此,如果 $y_1^3+y_2^3$ 和 $y_1^3 y_2^3$ 可由原方程系数表达,则式(2.8)的 6 个根便

可得到。原一元三次方程(2.1)的根便可由变换式(2.6)反解得到。表述一元二次方程根与系数之间关系的韦达定理式(2.5),实际上对于一元三次方程同样有下面表述方程根与系数之间的韦达定理:

$$\begin{cases} x_1 + x_2 + x_3 = -\dfrac{b}{a} = q_1 \\\\ x_1 x_2 + x_2 x_3 + x_3 x_1 = \dfrac{c}{a} = q_2 \\\\ x_1 x_2 x_3 = -\dfrac{d}{a} = q_3 \end{cases} \quad (2.9)$$

这个关系不难得到。因为既然 x_1、x_2 和 x_3 是原方程的根,那么原方程一定可以分解为 $a(x-x_1)(x-x_2)(x-x_3)=0$,将方程左边展开,并与原方程对比,便可得到上述式(2.9)。

利用式(2.9),通过较为冗长的计算,$y_1^3 + y_2^3$ 和 $y_1^3 y_2^3$ 便可由原方程的系数表示为

$$y_1^3 + y_2^3 = 2q_1^3 - 9q_1 q_2 + 27q_3 \quad (2.10)$$

$$y_1^3 y_2^3 = (q_1^2 - 3q_2 q_3)^3 \quad (2.11)$$

这样原一般的一元三次方程(2.1)的根便可先通过求解(2.8)得到 y_1^3 和 y_2^3,然后利用方程(2.6)得到。

上述求解一元三次方程的过程再次表明:解 n 次一元多项式方程的关键在于找到一组变换,将原方程变换成高次常数方程,即 $y^n = s$。而且,这组变换就是由方程根的线性组合而成,其中每个具体变换的组合系数对应所有单位根的一种置换,即 $y_p = \sum_{i=1}^{n} a_i^{(p)} x_i$,这里 $a_i^{(p)}$ 代表着所

有单位根 $\{1,\omega,\omega^2,\cdots,\omega^{n-1}\}$ 的一个置换。以上述一元三次方程为例，y_1 对应的组合系数是 $\{1,\omega,\omega^2\}$，y_2 对应的组合系数是 $\{1,\omega^2,\omega\}$，$\cdots$，y_6 对应的组合系数是 $\{\omega^2,\omega,1\}$。之所以这样选择在于：根据单位根的循环特征，可以找到 y_p 之间的简单关系，即 $y_4=\omega y_1$，$y_3=\omega y_2$，$y_5=\omega^2 y_2$，$y_6=\omega^2 y_1$，这样以所有 y_p 为根的方程 $\prod_{p=1}^{6}(y-y_p)=0$，可以通过合并得到新方程 $(y^3-y_1^3)(y^3-y_2^3)=0$。当我们将 y^3 看成一个新未知量 u，新方程就是一个关于 u 的二次方程，次数低于原三次方程。

　　上述置换法，现在一般认为是拉格朗日(Lagrange)首先采用的。

千山鸟飞绝，万径人踪灭。

孤舟蓑笠翁，独钓寒江雪。

——柳宗元《江雪》

北宋画家范宽的《雪景寒林图》

第 3 章

用置换法求解一元四次方程

本章将用第 2 章介绍的置换法求解下面一般的一元四次方程

$$ax^4 + bx^3 + cx^2 + dx + e = 0, \quad a \neq 0 \qquad (3.1)$$

依据置换原则以及通过适当挑选,引入如下变换:

$$\begin{cases} y_1 = x_1 + x_2 - x_3 - x_4 \\[4pt] y_2 = x_1 + x_3 - x_2 - x_4 \\[4pt] y_3 = x_1 + x_4 - x_2 - x_3 \\[4pt] y_4 = x_2 + x_3 - x_1 - x_4 \\[4pt] y_5 = x_2 + x_4 - x_1 - x_3 \\[4pt] y_6 = x_3 + x_4 - x_1 - x_2 \end{cases} \qquad (3.2)$$

我们知道,以这组变换式 $y_i(i=1,2,\cdots,6)$ 为根的方程为

$$\prod_{i=1}^{6}(y-y_i)=0 \tag{3.3}$$

因为 $y_6=-y_1,y_4=-y_3,y_5=-y_2$,所以方程(3.3)可简化为

$$\prod_{i=1}^{3}(y^2-y_i^2)=0 \tag{3.4}$$

利用下面一元四次方程的韦达定理:

$$\begin{cases} x_1+x_2+x_3+x_4=-\dfrac{b}{a}=q_1 \\[2ex] x_1x_2+x_1x_3+x_1x_4+x_2x_3+x_2x_4+x_3x_4=\dfrac{c}{a}=q_2 \\[2ex] x_1x_2x_3+x_1x_2x_4+x_1x_3x_4+x_2x_3x_4=-\dfrac{d}{a}=q_3 \\[2ex] x_1x_2x_3x_4=\dfrac{e}{a}=q_4 \end{cases} \tag{3.5}$$

通过计算可以得到

$$y_1^2+y_2^2+y_3^2=3q_1^2-8q_2 \tag{3.6}$$

$$y_1^2y_2^2+y_1^2y_3^2+y_2^2y_3^2=3q_1^4-16q_1^2q_2+16q_2^2+16q_1q_3-64q_4 \tag{3.7}$$

$$y_1^2y_2^2y_3^2=(q_1^3-4q_1q_2+8q_3)^2 \tag{3.8}$$

于是原一元四次方程(3.1)的根便可先通过求解一元三次方程(3.4),然后再由方程(3.5)求得。

由此可见,拉格朗日的置换法具有一般性,可以推广求解任意次一元多项式方程。果真如此吗?

故人具鸡黍，邀我至田家。

绿树村边合，青山郭外斜。

开轩面场圃，把酒话桑麻。

待到重阳日，还来就菊花。

——孟浩然《过故人庄》

明朝杰出画家徐渭的《墨葡萄图》

第4章

一元五次方程置换求解尝试

拉格朗日用置换法对一元五次方程求解进行了尝试,但是失败了。因为仿照上述方式所得的一组完整变换式,其独立变换式个数不像一元三次方程、一元四次方程那样减少了,而是反而增多了。这使拉格朗日意识到一元五次及一元高次多项式方程的根可能是无法用根式表达出来的。

失败是令人沮丧的。但是真诚探索所导致的失败,往往是孕育成功的基础。一元五次方程求解的失败,让人看到了一元高次多项式方程根式表达的不可能,意味着这背后藏匿着尚未被发现的宝藏。

我们不妨再分析一下拉格朗日置换方法的过程,尝试去理解这一不可能性。

假设一元高次多项式方程 $\sum\limits_{i=0}^{n} a_i x^{n-i} = 0$（其中 $a_0 = 1$）解的根式表达式存在，即 $x_p = f_p(a_1, a_2, \cdots, a_n)$。根据下面 n 次方程的韦达定理：

$$\begin{cases} a_1 = -\sum\limits_{i=1}^{n} x_i \\[2mm] a_2 = \sum\limits_{1 \leqslant i < j \leqslant n} x_i x_j \\[2mm] \quad\vdots \\[2mm] a_n = (-1)^n \prod\limits_{i=1}^{n} x_i \end{cases} \tag{4.1}$$

可以知道，方程系数又可以通过方程所有根的对称表达式（对称表达式就是表达式中任意两个根互换，表达式不变）表达出来，因此方程根表达式 $x_p = f_p(a_1, a_2, \cdots, a_n)$，对于方程所有根 $\{x_1, x_2, \cdots, x_n\}$ 的任何一个置换，譬如将 $\{x_1, x_2, \cdots, x_n\}$ 置换成 $\{x_2, x_1, \cdots, x_n\}$，其根表达式不变。这种根置换表达式不变，反映了根表达式的对称性。这种对称性或许是一元高次方程根表达式的一个本质特征。这是从根表达式观察所看到的结论。

再从求解过程的角度来看，其解是多次嵌套开根号的过程。我们知道，开根号所得的全体根均匀分布于圆周。这或许是开根号所得根系的一个本质特征。这个开根号所得根系的圆周均匀分布特征，显然与根表达式置换不变特征很不一样，虽然目前我们无法具体准确地说出怎么不一样。后面我们可以看到，正是基于此，法国年轻的数学家伽罗瓦（Galois）创建了群论，清晰有力地证明一元五次及更一元高次多项式方程的根表达式不存在。

后续章节将从这两个角度去分析一元高次方程求解的过程，通过运用数学的抽象发明形式，引入一系列概念和运算，从而清晰地展示一元高次方程根式表达的不可能。

绿蚁新醅酒，红泥小火炉。

晚来天欲雪，能饮一杯无？

——白居易《问刘十九》

细致的日常生活描写，唤醒人们感受平凡生活的意趣美。

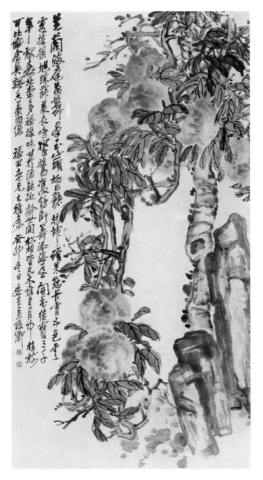

吴昌硕的花卉图

第 5 章

从数集范围扩大角度看一元多项式方程求解——域

一般来说,我们讨论的一元高次多项式方程,每一项的系数都是有理数。系数相互之间的加、减、乘、除运算还是有理数。可是,系数一旦开根号了,情况就不一样了。如果被开根号数不是某一有理数的整次方,那么开根号就会产生不属于有理数集的无理数。由此可见,开根号扩大了数集的范围。显然,开不同次数的根号,譬如开二次方根、三次方根,以至 n 次根号,扩大的数集范围一般也都是不一样的,这就需要研究,如何给出准确定义以及加入不同方根数后数集之间的联系。

为了说清楚这个过程,按照数学的要求,首先需要给出我们所要研究的数集定义;其次要研究如何定义数集的大小范围,以及表达不同大小数集的关系。

　　数集是一个由一系列数构成的集合。那么,是否任何一个数集都是我们的研究对象呢? 或者说,我们是否把任何一个数集都看成是一样的呢? 显然不是。我们需要分门别类,找到具有共同属性的数集重点研究。这个属性就是,数集中的数,经过加、减、乘、除之后仍在此数集中。换言之,这个数集对于加、减、乘、除运算是封闭的。我们把这样的数集称为一个数域。有理数集、实数集、复数集都是数域,分别称为有理数域、实数域、复数域,记为 $\mathbf{Q}$、$\mathbf{R}$、$\mathbf{C}$。整数集就不是一个域,因为两个整数相除,结果极有可能不是整数。

　　结合到一元高次方程求解过程来看,实际上我们真正感兴趣的是:一元高次方程有理系数加上有理数开根号构成的数集。那么,这样的数集是数域吗? 举例来说,有理数加上 $\sqrt{2}$ 组成的数集是数域吗? 答案是肯定的。因为可以证明 $a+b\sqrt{2}$(a、b 都是有理数)形式的数,经过加、减、乘、除运算仍是 $a+b\sqrt{2}$ 形式的数。有理数加上 $\sqrt[3]{2}$ 组成的数集还是数域吗? 答案是否定的。因为可以验证 $a+b\sqrt[3]{2}$ 形式的数相乘结果就不属于 $a+b\sqrt[3]{2}$ 形式的数。譬如: $(1+\sqrt[3]{2})(2+\sqrt[3]{2})=2+3\sqrt[3]{2}+\sqrt[3]{4}$。因此,有理数加上 $\sqrt[3]{2}$ 组成的数集不是数域,还需加上 $\sqrt[3]{4}$,才能构成数域。因为 $a+b\sqrt[3]{2}+c\sqrt[3]{4}$ 形式的数加、减、乘、除结果一定还是 $a+b\sqrt[3]{2}+c\sqrt[3]{4}$ 形式的数。

　　由此引出两个问题:①有理数应该怎样加入开根号数,才能保证扩充的数集是一个数域;②扩充的数域应该如何刻画其范围。

一、单代数扩域结构定理

　　对于第一个问题,又可细分为两个小问题:①应该至少加入多少个开根号数才能构成数域；②加入不同开根号数之后数域之间有怎样的关系。一般开根号数都是一个一元多项式方程的根。不难猜测，加入的开根号数数目应该与其满足的一元多项式方程的次数有关。可以证明如下这件事：如果某个开根号数 α 满足的数域 F 上最小多项式方程 $f(x)=0$ 次数是 n，那么还需要另外加入 $n-1$ 个数，才能保证扩集 E 是一个数域；而且这 $n-1$ 个数分别是 $\alpha, \alpha^2, \cdots, \alpha^{n-1}$。这里数域 F 上最小多项式方程 $f(x)=0$ 表示 $f(x)$ 是系数属于 F 的不可约多项式（就是在数域 F 中不可再因式分解）。这个扩集 E 称为 F 的 n 次扩域，记为 $E=F(\alpha)$，且 $[E:F]=n$，这个数域中的数可以统一表示成 $\sum\limits_{i=0}^{n-1} a_i \alpha^i$，其中 a_i 属于数域 F。我们把这个定理称为单代数扩域结构定理。它清晰地告诉我们有理数应该怎样扩充，才能保证扩充后的数集是一个数域。为形象起见，这个定理可由图 5.1 表示。

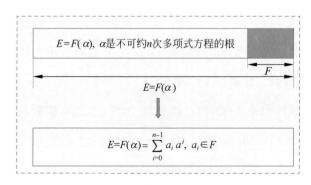

图 5.1　单代数扩域结构定理示意图

为了便于理解，下面简述单代数扩域结构定理的证明。不妨假设 α 是 n 次多项式方程 $p(x)=0$ 的根。很明显形如 $\sum\limits_{i=0}^{n-1} a_i \alpha^i$ 的两个数相加或相减一定还是这样的数。

下面考察两个形如这样的数相乘,不妨设相乘结果 $f(\alpha)$ 可表示成

$$f(\alpha) = g(\alpha)p(\alpha) + r(\alpha) \tag{5.1}$$

这里 $r(\alpha)$ 一定是 $\sum_{i=0}^{n-1} a_i \alpha^i$ 形式的。因为 $p(\alpha) = 0$,所以 $f(\alpha) = r(\alpha)$,这就

证明了两个形如 $\sum_{i=0}^{n-1} a_i \alpha^i$ 的数相乘,其结果仍是 $\sum_{i=0}^{n-1} a_i \alpha^i$ 形式的数。

再看两个 $\sum_{i=0}^{n-1} a_i \alpha^i$ 形式的数 $f(\alpha)$ 与 $g(\alpha)$ 相除。这里 $g(\alpha) \neq 0$。

因为 $p(x) = 0$ 是 α 所满足的最小多项式方程,所以 $p(x)$ 一定是不可

约的,故 $g(x)$ 与 $p(x)$ 互素。根据辗转相除法,一定存在 $u(x)$ 和

$v(x)$,满足

$$g(x)u(x) + p(x)v(x) = 1 \tag{5.2}$$

因为 $p(\alpha) = 0$,所以

$$\frac{1}{g(\alpha)} = u(\alpha) \tag{5.3}$$

这样 $f(\alpha)$ 与 $g(\alpha)$ 相除就变成 $f(\alpha)$ 与 $u(\alpha)$ 相乘。由此得到两个

$\sum_{i=0}^{n-1} a_i \alpha^i$ 形式的数 $f(\alpha)$ 与 $g(\alpha)$ 相除也一定是 $\sum_{i=0}^{n-1} a_i \alpha^i$ 形式的数。

由上证明可知:单代数扩域的结构是多项式根的幂次的线性组合。

这个结构很重要,深刻刻画了单代数扩域的特征。

有了这个单代数扩域结构定理,第二个问题也不难回答了。根据上

述扩充数域的统一表达式 $\sum_{i=0}^{n-1} a_i \alpha^i$,可以认为:此数域是由 n 个线性无关

的元素 $1, \alpha, \alpha^2, \cdots, \alpha^{n-1}$ 组成的一组基表达出来的,因此可称此数域是 n

次扩域。由此推广可以给出一个更广义的说法:对于数域 F,如果 E 中

任意一个数 α,都可唯一表示成 $\alpha = \sum_{i=1}^{n} a_i \alpha_i$,其中 a_i 是数域 F 中的数;α_1,

$\alpha_2, \cdots, \alpha_n$ 是 E 中的数,那么称 E 为 F 的 n 次扩域,$\alpha_1, \alpha_2, \cdots, \alpha_n$ 是 E 的一组基。这个说法让我们更便于用线性代数工具分析扩域问题。

二、分裂域

上面讨论的是,如何利用一元多项式方程的一个根,将原数域扩充成一个新数域。下面要研究如何扩充得到一个扩域包含一元多项式方程的所有根。这是我们要重点研究的一个扩域,为此我们给这个扩域起了个名字,称为该一元多项式方程的分裂域。下面将从两个角度来研究这个分裂域。本章从数域扩充过程来研究,第 6 章将从对称性来研究。首先,我们要回答一个问题:从一元多项式方程一个根扩充而成的数域是否能包括该方程的所有根?如果能包括,那么问题就已经解决了。实际情况是不能包括。

以方程 $x^3 - 2 = 0$ 为例,$\sqrt[3]{2}$ 是它的一个根。我们知道由它扩充而成的数域,是一个以 1、$\sqrt[3]{2}$ 和 $\sqrt[3]{4}$ 为基的有理数域的 3 次扩域。显然,这个 3 次扩域不包括方程的另外两个根 $\omega\sqrt[3]{2}$ 和 $\omega^2\sqrt[3]{2}$。所以,该方程的分裂域不仅需要由 $\sqrt[3]{2}$ 扩充而成的有理数域的 3 次扩域,还需要由另外两个根 $\omega\sqrt[3]{2}$ 和 $\omega^2\sqrt[3]{2}$ 扩充而成的 3 次扩域,应该是这三个扩域的并集。那么这个并集的次数,即该方程分裂域次数,是多少呢?是这三个扩域次数之和 9 吗?可以验证不是,因为不同根扩充而成的数域有交集,并非完全独立。可以验证包含该方程所有根的最小扩域应该是以 1、$\sqrt[3]{2}$、$\sqrt[3]{4}$、$\omega\sqrt[3]{2}$、$\omega^2\sqrt[3]{2}$、$\omega\sqrt[3]{4}$ 为基的有理数域的 6 次扩域。由此看来,包含多项式所有根的分裂域可由其所有根分别扩充而成的数域并集而成,但是这个分裂域的次数,并不是每个根独立扩充而成的数域次数之和,而是需要针对具体方程做具体研究。

三、单代数扩域定理

由以上分析可知,一个一元多项式方程的分裂域往往不能由它的一个根扩域而成,而是由多个根扩域的并集而成。一个自然的问题是:能否找到一个数,等效这多个根,唯一地由此数扩域得到方程的分裂域? 如果能,那么一元多项式分裂域的表述和研究都会简单方便得多。回答是肯定的。

不妨假设 α_1 和 α_2 是方程 $f(x)=0$ 的两个不同的根,由此二根将原数域 F 扩域成 $E=F(\alpha_1,\alpha_2)$。可以证明:如果 $\theta=\alpha_1+1/2\alpha_2$,那么 $F(\theta)=F(\alpha_1,\alpha_2)$。这个结论可以这么理解:考虑系数在域 $F(\theta)$ 中的多项式 $h(x)=f(\theta-1/2x)$,因为 $h(\alpha_2)=f(\theta-1/2\alpha_2)=f(\alpha_1)=0$,$h(\alpha_1)=f(\theta-1/2\alpha_1)=f(1/2(\alpha_1+\alpha_2))\neq 0$,因此 $f(x)$ 与 $h(x)$ 有且只有一个公共根 α_2,也就是说 $f(x)$ 与 $h(x)$ 在域 $F(\theta)$ 上的最大公因子为 $x-\alpha_2$。我们知道两个多项式的最大公因子可用辗转相除法求得。依据辗转相除法过程可知 α_2 属于域 $F(\theta)$。又因为 $\alpha_1=\theta-1/2\alpha_2$,故 α_1 也属于域 $F(\theta)$,由此得出 $F(\theta)=F(\alpha_1,\alpha_2)$。综上所述,我们可以得到一个很重要的结论:任意一个一元多项式 $f(x)$ 在域 F 上的分裂域都可以由一个数 α 扩域而成,即都是单代数扩域。我们把这个结论称为单代数扩域定理。

由此可见,一个一元 n 次多项式方程的根 α,虽然其幂 α^i 的线性组合可构成一个扩域,但未必是此多项式方程的分裂域。分裂域应该是此多项式方程所有根的各次幂的并集。虽然分裂域不能由此多项式的一个根的幂次方构成,但是我们一定可以找到另外一个一元多项式方程,它的根的各次幂可形成原多项式的分裂域。此单代数扩域定理可由图 5.2所示。

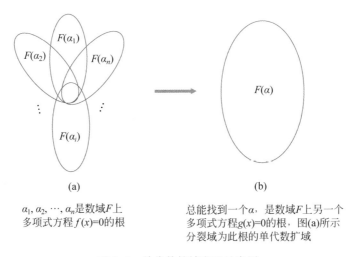

(a)

(b)

$\alpha_1, \alpha_2, \cdots, \alpha_n$ 是数域 F 上
多项式方程 $f(x)=0$ 的根

总能找到一个 α,是数域 F 上另一个
多项式方程 $g(x)=0$ 的根, 图(a)所示
分裂域为此根的单代数扩域

图 5.2　单代数扩域定理示意图

故人西辞黄鹤楼，烟花三月下扬州。

孤帆远影碧空尽，唯见长江天际流。

——李白《黄鹤楼送孟浩然之广陵》

将"长江"和"天"联想，写出了新感觉、新意境。

齐白石《蛙声十里出山泉》

第 6 章

从对称性角度看根式表达——群

　　通过上面的分析还可知道,根置换的对称不变性是刻画扩大的数集特征的一个重要观察角度。第 3 章研究了如何准确地描述根置换对称不变性,以便说清楚开根号所得根系的圆周均匀分布特征,与依据韦达定理得到的根的表达式置换不变特征的根本不同。

　　第 5 章主要是从数域扩大的角度研究多项式方程根式表达的特征,本章将从对称性角度去研究方程根式表达的特征。由第 4 章分析可以知道:一方面,对于所有根的任何一个置换,其根式表达式不变,这是因为方程解的根式表达式是由方程系数表达的,而由韦达定理知道方程系数是由方程根的对称表达式表达出来的。另一方面,开根号求解所得的全体根均匀分布于圆周。这就是说,虽然一般方程根的分布具有一定的任意性,但是其根的表达式对于方程根的置换而言是对称的。开根号求解所得的根不仅具有置换对称性,而且分布具有圆周对称性。由此可见,一般方程根表达式的对称性和根式表达式本身具有的对称性是不一样的。

我们需要发明一种数学理论来清晰地论证出这两者的不同,这或许是理解高次方程不可根式表达的关键。

这种数学是什么呢? 一种关于置换的数学。数学的力量在于清晰的定义和运算规则的运用。因此,我们首先要给出研究对象的清晰定义。我们把方程所有根的置换看成一个集合。为了使这个集合和第 4 章中方程的分裂域联系起来,我们采用下面的等价定义,即分裂域 E 中所有数自身的一一对应变换,这个对应变换要保证方程系数域 F 中的数不变,用数学语言来定义

$$G = \{\sigma \mid \sigma \in \text{Aut } E, \quad a^\sigma = a, \forall a \in F\} \qquad (6.1)$$

这里 Aut E 表示 E 中数的一一对应变换。这个集合是伽罗瓦发明的,用来研究方程根的对称性,因此一般称其为伽罗瓦群,其所含元素个数称为此群的阶数。

为了对伽罗瓦群有一些感性了解,不妨看一下下面这个方程的分裂域的伽罗瓦群。

$$x^4 - 2 = 0 \qquad (6.2)$$

这个方程有四个根: $\sqrt[4]{2}$、$-\sqrt[4]{2}$、$i\sqrt[4]{2}$ 和 $-i\sqrt[4]{2}$。这四个根扩域而成的分裂域可视为先将有理数域 $\mathbf{Q}$ 利用 $\sqrt[4]{2}$ 扩域而成 $\mathbf{Q}(\sqrt[4]{2})$,再将 $\mathbf{Q}(\sqrt[4]{2})$ 利用 i 扩域而成 $\mathbf{Q}(\sqrt[4]{2},i)$。前面一次的扩域次数为 4,后面的扩域次数为 2,因此该分裂域的扩域次数为 8。这个扩域次数为 8 的分裂域所对应的伽罗瓦

群有多少个元素呢？如果将 4 个根的所有置换都视为伽罗瓦群的元素，那么应该有 $4!=24$ 个元素。但是，不要忘了，伽罗瓦群定义中还有另一个要求，那就是不能改变扩域前的数域（有理数）。这 4 个根的某些置换是不满足这个要求的，譬如

$$\sigma = \begin{pmatrix} \lambda & -\lambda & \mathrm{i}\lambda & -\mathrm{i}\lambda \\ \lambda & \mathrm{i}\lambda & -\lambda & -\mathrm{i}\lambda \end{pmatrix}$$

这里 $\lambda = \sqrt[4]{2}$。因为

$$2 = \lambda^4 = \lambda^2(-\lambda)(-\lambda) \overset{\sigma}{\longrightarrow} \lambda^2(\mathrm{i}\lambda)(\mathrm{i}\lambda) = -2$$

即上述置换 σ 将 2 变成了 -2，不满足伽罗瓦群的要求。剔除不满足要求的置换后，发现对应上述分裂域的伽罗瓦群有 8 个元素，分别为

$$\sigma_1 = \begin{pmatrix} \lambda & -\lambda & \mathrm{i}\lambda & -\mathrm{i}\lambda \\ \lambda & -\lambda & \mathrm{i}\lambda & -\mathrm{i}\lambda \end{pmatrix}, \quad \sigma_2 = \begin{pmatrix} \lambda & -\lambda & \mathrm{i}\lambda & -\mathrm{i}\lambda \\ \lambda & -\lambda & -\mathrm{i}\lambda & \mathrm{i}\lambda \end{pmatrix}$$

$$\sigma_3 = \begin{pmatrix} \lambda & -\lambda & \mathrm{i}\lambda & -\mathrm{i}\lambda \\ -\lambda & \lambda & \mathrm{i}\lambda & -\mathrm{i}\lambda \end{pmatrix}, \quad \sigma_4 = \begin{pmatrix} \lambda & -\lambda & \mathrm{i}\lambda & -\mathrm{i}\lambda \\ -\lambda & \lambda & -\mathrm{i}\lambda & \mathrm{i}\lambda \end{pmatrix}$$

$$\sigma_5 = \begin{pmatrix} \lambda & -\lambda & \mathrm{i}\lambda & -\mathrm{i}\lambda \\ \mathrm{i}\lambda & -\mathrm{i}\lambda & \lambda & -\lambda \end{pmatrix}, \quad \sigma_6 = \begin{pmatrix} \lambda & -\lambda & \mathrm{i}\lambda & -\mathrm{i}\lambda \\ \mathrm{i}\lambda & -\mathrm{i}\lambda & -\lambda & \lambda \end{pmatrix}$$

$$\sigma_7 = \begin{pmatrix} \lambda & -\lambda & \mathrm{i}\lambda & -\mathrm{i}\lambda \\ -\mathrm{i}\lambda & \mathrm{i}\lambda & \lambda & -\lambda \end{pmatrix}, \quad \sigma_8 = \begin{pmatrix} \lambda & -\lambda & \mathrm{i}\lambda & -\mathrm{i}\lambda \\ -\mathrm{i}\lambda & \mathrm{i}\lambda & -\lambda & \lambda \end{pmatrix}$$

由此可见，虽然在一般意义上一个一元 n 次多项式方程分裂域的伽罗瓦群对应于 n 个根的置换群，其阶数为 $n!$，但是对于一个具体方程而言，要确定它的伽罗瓦群并非易事，需要更深入地研究方程。也正是因为如此，从某种意义上说，伽罗瓦群能深刻地反映方程的特征，是一个敏锐的研究方程角度。

研究对象明确了，下面就来研究其特点。在此之前，还要定义一种运算，为了更为具体，以一个一般意义上三次方程的伽罗瓦群，即三阶置换群 $S_3 = \{\sigma_1, \sigma_2, \sigma_3, \sigma_4, \sigma_5, \sigma_6\}$ 为例，其中

$$\sigma_1 = \begin{pmatrix} 1 & 2 & 3 \\ 1 & 2 & 3 \end{pmatrix}, \quad \sigma_2 = \begin{pmatrix} 1 & 2 & 3 \\ 2 & 3 & 1 \end{pmatrix}, \quad \sigma_3 = \begin{pmatrix} 1 & 2 & 3 \\ 3 & 1 & 2 \end{pmatrix}$$

$$\sigma_4 = \begin{pmatrix} 1 & 2 & 3 \\ 1 & 3 & 2 \end{pmatrix}, \quad \sigma_5 = \begin{pmatrix} 1 & 2 & 3 \\ 3 & 2 & 1 \end{pmatrix}, \quad \sigma_6 = \begin{pmatrix} 1 & 2 & 3 \\ 2 & 1 & 3 \end{pmatrix}$$

我们在此集合的元素间定义一种乘法运算"·"，譬如 $\sigma_2 \cdot \sigma_3$ 表示先作置换 σ_2，再作置换 σ_3，其结果为

$$\sigma_2 \cdot \sigma_3 = \begin{pmatrix} 1 & 2 & 3 \\ 2 & 3 & 1 \end{pmatrix} \begin{pmatrix} 1 & 2 & 3 \\ 3 & 1 & 2 \end{pmatrix} = \begin{pmatrix} 1 & 2 & 3 \\ 1 & 2 & 3 \end{pmatrix}$$

不难发现这个集合有以下特点：①封闭性，集合中任何两个元素运算结果唯一且仍是集合中的元素；②结合律，对于集合中的任何三个元素 a、b、c，有 $a \cdot (b \cdot c) = (a \cdot b) \cdot c$；③单位元，集合中存在元素 e，对于集合中的任何元素 a，都有 $a \cdot e = e \cdot a = a$，上述例子中的 $e = \sigma_1$；④逆元，对于集合中任意元素 a，集合中一定存在元素 b，使 $a \cdot b = b \cdot a = e$，上述例子中 σ_2 的逆就是 σ_3。上述 4 条也是我们现在把一个集合 G 称为关于运算"·"的群的条件，集合 G 所含元素的个数一般就称为此群的阶数。

下面我们就来稍微具体地讨论一下伽罗瓦群与置换群的关系。对于一个一般意义上的一元 n 次方程，依据定义式（6.1），建立在其分裂域 $E = F(x_1, x_2, \cdots, x_n)$（这里 $x_1, x_2, \cdots, x_n$ 是方程的根）上的伽罗瓦群与 n 个根的置换群 S_n 是一一对应的，其阶数都为 $n!$。可是，如果我们的一

元 n 次方程是一种特殊形式,譬如说是如下形式:

$$x^p - 1 = 0, \quad p \text{ 是素数} \tag{6.3}$$

此方程的分裂域 $E = F(\omega)$(ω 是方程(6.3)的根),那么建立在此分裂域上的伽罗瓦群有多少个元素呢?因为这个方程的根具有圆周对称性,其任何一个非 F 上的根的扩域都是等价的,因此其分裂域只需一个根扩域而成。换言之,虽然方程(6.3)也有 $p-1$ 个非 F 上的根,但是因为这 $p-1$ 个根都可由任何一个根有理表达,也就是说,只要一个根发生了置换,其他根的置换也就随着确定了,故这个分裂域上的伽罗瓦群只有 $p-1$ 个,可表示成 $\sigma_i : \omega \to \omega^i (i = 1, 2, \cdots, p-1)$。由此可见,根号表达的圆周对称性特征能在伽罗瓦群中得到简洁的表示。

不论一个 n 次方程的分裂域由几个根扩域而成,依据第 5 章单代数扩域定理可知,总能找到一个数 α,分裂域可由此数单一扩域而成,即 $E = F(\alpha)$,此 α 是另一个新的多项式方程的根,只不过这个多项式次数不再是 n,而是原 n 次方程分裂域的次数 m。依据伽罗瓦群定义可知,在域 F 保持不变的情况下,扩域 $E = F(\alpha)$ 的自身一一对应变换只能是将 α 变成其他的根,由此可知伽罗瓦群的阶数就是新多项式的次数,即原方程分裂域的次数。这便是群域等数关系。注意这个关系的前提是将伽罗瓦群定义在分裂域上,这也是伽罗瓦最初的定义。如果将伽罗瓦群定义推广到一般扩域,那么上述群域等数关系就不成立了。譬如将伽罗瓦群定义在扩域 $\mathbf{Q}(\sqrt[4]{2})$ 上,显然这个伽罗瓦群只有一个单位元素,而我们知道这是一个四次扩域。

不过,对于证明高次方程不可根式求解来说,我们只需要研究高次方程的分裂域及其伽罗瓦群就可以了。对于这样的伽罗瓦群而言,我们都有群域等数关系。这便让我们可从两个角度去研究伽罗瓦群了。当我们从群的角度研究不容易时，便可从域的角度去研究，那样更直观，毕竟我们对数域更熟悉。

这里需要特别提及的是，伽罗瓦群中的运算和我们熟悉的数的运算很不一样，其中最本质的不同是有些群中的运算是不可交换的。譬如

$$\sigma_2 \cdot \sigma_4 = \begin{pmatrix} 1 & 2 & 3 \\ 2 & 3 & 1 \end{pmatrix} \begin{pmatrix} 1 & 2 & 3 \\ 1 & 3 & 2 \end{pmatrix} = \begin{pmatrix} 1 & 2 & 3 \\ 3 & 2 & 1 \end{pmatrix}$$

$$\sigma_4 \cdot \sigma_2 = \begin{pmatrix} 1 & 2 & 3 \\ 1 & 3 & 2 \end{pmatrix} \begin{pmatrix} 1 & 2 & 3 \\ 2 & 3 & 1 \end{pmatrix} = \begin{pmatrix} 1 & 2 & 3 \\ 2 & 1 & 3 \end{pmatrix}$$

显然 $\sigma_2 \cdot \sigma_4 \neq \sigma_4 \cdot \sigma_2$。我们把这种运算不可交换的群称为非交换群；反之，称为交换群。譬如方程(6.3)分裂域的伽罗瓦群就是可交换的，因为此群的元素是 $\sigma_i : \omega \rightarrow \omega^i$，因此

$$\sigma_i \cdot \sigma_j : \omega \rightarrow \omega^{i+j}$$

$$\sigma_j \cdot \sigma_i : \omega \rightarrow \omega^{i+j}$$

故 $\sigma_i \cdot \sigma_j = \sigma_j \cdot \sigma_i$。不难理解常数方程 $x^n = d$ 分裂域的伽罗瓦群都是可交换的。这是因为常数方程的根均匀分布于圆周所造成的。至此，我们已用群论的语言清晰地展示了一般方程根表达式的对称性和根式表达式本身具有的对称性的不同。后面我们将沿着这个思路让大家清晰地看到高次方程不可根式求解。

通过拉格朗日置换法求解过程可以知道，求解方程不是一步解决的，而是先将 n 次方程降到 $n-1$ 次方程，然后再降到 $n-2$ 次方程，一步一步直到降到我们可解的二次方程。从群的角度来看，这是一个不断将群降阶的过程。因此，如果方程可解，那么这个群一定是有结构的，一定是可

以分解的。为此,下面就来研究群的结构。我们知道一个 n 阶的群 G 一般是一个有 n 个元素的集合。如果它的一个 m 个元素的子集 H 关于所定义的运算也成群,那么这个子集 H 就是 G 的一个子群。下面考虑群 G 和子群 H 之间是否可以定义一种运算,从而更精细地表达群和子群之间的关系。

为此,我们定义:任取群 G 中元素 a,将 a 左乘 H 所得的集合称为 H 在 G 中的一个左陪集,记作 aH;将 a 右乘 H 所得的集合称为 H 在 G 中的一个右陪集,记作 Ha。因为群 G 中消除律是存在的,所以 H 的任何一个左陪集(或右陪集)都是 m 阶群;又因为如果两个不同的左陪集 aH,bH 交集非空,那么 H 中至少存在元素 h_1,h_2,满足 $ah_1=bh_2$,所以 $a=bh_2h_1^{-1}=bh$,h 是 H 中的一个元素。上式两边同时右乘 H,得 $aH=bhH=bH$。也就是说,群 G 是由若干个没有交集的左陪集(或右陪集)组成,且每个左陪集(或右陪集)含 m 个元素。因此,如果 H 是 m 阶群,那么 m 必整除 n。这就是拉格朗日定理。商数 n/m 称为 H 在 G 的指数。这个拉格朗日关系表明:虽然我们关于"群"的定义看似没有多少内容,但并不平凡,有着深刻的内涵。

显然,我们可把所有左陪集(或者右陪集)组成一个集合,这个集合能否成为群呢?讨论之前,需要首先给出两个陪集相乘的定义,一个合理的定义是:$(aH)(bH)=(abH)$。但这需要在这个定义下两个陪集相乘的结果唯一确定。如果存在不同的 a 和 a',使得 $aH=a'H$,以及不同的 b 和 b',使得 $bH=b'H$,那么依据陪集相乘定义就应该有 $abH=a'b'H$,这是否一定成立呢?答案是需要一定的条件。因为 $aH=a'H$,$bH=b'H$,所以一定有 $a'=ah_1$,$b'=bh_2$,$h_1,h_2\in H$,故 $a'b'=ah_1bh_2$,如果存在

$h_3 \in H$，使得 $h_1b = bh_3$，那么 $a'b' = abh_3h_2$，故 $a'b'H = abh_3h_2H = abH$。因此，要使上述陪集相乘定义结果唯一确定，必须左右陪集相等，即 $bH = Hb$。我们把满足这样条件的子群称为正规子群。而且，不难验证，在这样的定义下，所有左陪集（或者右陪集）组成的集合能成群，我们把这个群称为群 G 除以子群 H 所得的商群。

譬如，我们知道整数集 $\mathbf{Z}$ 是一个关于加法运算的群，偶数 E 是其一个子群，那么它们的商群就是由两个元素组成的集合，其中一个元素是所有偶数组成的集合，另一元素就是所有奇数组成的集合。由此可见，商群中的元素和原群中的元素属性是不同的，原群中的元素就是数，而商群中的元素则是数的集合。但是，如果我们根本就不关心群元素的具体含义，只关注群元素这个抽象意义，那么偶数集就可以用"0"表示，奇数集用"1"表示，这样商群就和群集 $\{0,1\}$ 建立了一一对应的关系，它比原群要简单得多。这便是群论简化问题的秘密。

下面就用这种观点来研究一下群之间的关系。为此，我们引入同构的概念。记 φ 是群 G 到 $\overline{G}$ 的映射，如果它满足条件：$(ab)^\varphi = a^\varphi b^\varphi$，$\forall a$，$b \in G$，那么 φ 是群 G 到 $\overline{G}$ 的同态映射。如果同态映射 φ 又是单射，则称为同构映射。如果群 G 到 $\overline{G}$ 的映射是同态满射（或同构满射），那么就称 G 和 $\overline{G}$ 是同态的（或同构的）。同态满射必把单位元 e 变为单位元 e，逆元变为逆元。因为对于任意 $a \in G$，有 $ea = ae = a$，考虑在同态映射下的像，就有 $e^\varphi a^\varphi = a^\varphi e^\varphi = a^\varphi$，所以 e^φ 必是 $\overline{G}$ 的单位元。同理，若 b 是 a 的逆元，则有 $ab = ba = e$。考虑其在 φ 下的像，就有 $a^\varphi b^\varphi = b^\varphi a^\varphi = e^\varphi$，因此 a^φ 和 b^φ 互逆。常表示为

$$(a^{-1})^\varphi = b^\varphi = (a^\varphi)^{-1} \tag{6.4}$$

　　根据同态和同构映射的定义,我们可以得到下面同态定理。同态定理有两部分内容。

　　(1) 第一部分表述群 G 和它的商群 G/H 之间的对应关系,具体可表述为:如果 H 是 G 的正规子群,那么群 G 到商群 G/H 必是同态映射。这可以这么理解:$\forall a,b \in G$,在商群中的映射为 aH 和 bH,而 ab 在商群中的映射为 abH,因为在商群中我们有定义:$(aH)(bH)=(abH)$,所以群 G 到商群 G/H 必是同态满射。

　　(2) 第二部分表述的是如何将一种 G 到 $\overline{G}$ 的同态满射变成同构满射。人们发现了一个关键的正规子群 K,原群 G 与此正规子群 K 的商群 G/K 与 $\overline{G}$ 同构。此正规子群 K 具体可表述为:设 φ 是群 G 到 $\overline{G}$ 的映射,$\overline{e}$ 是 $\overline{G}$ 的单位元,$\overline{e}$ 在 φ 下的原像全体 $K=\{k \mid k \in G, k^{\varphi}=\overline{e}\}$。一般我们称 K 为同态映射 φ 的核,如图 6.1 所示。下面证明:K 是 G 的正规子群,且商群 G/K 同构于 $\overline{G}$。

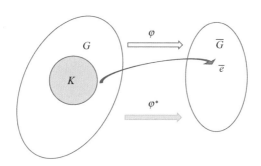

图 6.1　同态定理示意图

　　设 k_1、k_2 属于 K,根据 K 的定义有

$$k_1^{\varphi}=k_2^{\varphi}=\overline{e} \qquad (6.5)$$

又依据 φ 是同态映射,有

$$(k_1 k_2)^{\varphi}=k_1^{\varphi} k_2^{\varphi} \qquad (6.6)$$

将式(6.5)代入式(6.6),得

$$(k_1 k_2)^\varphi = \overline{e} \tag{6.7}$$

故 $k_1 k_2$ 也属于 K。又依据式(6.4)和式(6.5),可得

$$(k_1^{-1})^\varphi = (k_1^\varphi)^{-1} = \overline{e} \tag{6.8}$$

故 $k_1^{-1} \in K$,由此可知 K 满足群的条件,是 G 的一个子群。

对于任意 k 属于 K,g 属于 G,根据 K 的定义有

$$k^\varphi = \overline{e} \tag{6.9}$$

又依据 φ 是同态映射,故有

$$(g^{-1} k g)^\varphi = (g^\varphi)^{-1} k^\varphi g^\varphi \tag{6.10}$$

将式(6.9)代入式(6.10),得

$$(g^{-1} k g)^\varphi = (g^\varphi)^{-1} g^\varphi = \overline{e} \tag{6.11}$$

所以 K 是 G 的正规子群。

任取 a 属于 G,设 $a^\varphi = \overline{a}$。考虑 G/K 到 $\overline{G}$ 的映射 $(aK)^{\varphi^*} = \overline{a}$,这里 $\overline{a} = a^\varphi$。要证明映射 φ^* 是同态映射,只需证明

$$((aK)(bK))^{\varphi^*} = \overline{a}\,\overline{b} \tag{6.12}$$

根据陪集相乘定义,有

$$(abK) = (aK)(bK) \tag{6.13}$$

对式(6.13)两边同作映射 φ^*,得

$$(abK)^{\varphi^*} = ((aK)(bK))^{\varphi^*} \tag{6.14}$$

根据映射 φ^* 的定义,有

$$(abK)^{\varphi^*} = \overline{ab} \tag{6.15}$$

综合式(6.12)～式(6.15)可知,要证明式(6.12),只需证明下面等式

$$\overline{ab} = \overline{a}\,\overline{b} \tag{6.16}$$

对式(6.13)两边同作映射 φ,左边变成

$$(abK)^\varphi = (ab)^\varphi K^\varphi = \overline{ab} \qquad (6.17)$$

右边变成

$$((aK)(bK))^\varphi = (aK)^\varphi (bK)^\varphi = \bar{a}\bar{b} \qquad (6.18)$$

故式(6.16)成立,φ^* 是同态满射。又因为

$$aK = bK \Leftrightarrow b^{-1}a \in K \Leftrightarrow (b^{-1}a)^\varphi = \bar{e} \Leftrightarrow a^\varphi = b^\varphi \Leftrightarrow \bar{a} = \bar{b}$$

所以 φ^* 是单射。故 φ^* 是同构满射。

上述证明中,抽象出同态映射核这个概念是理解同态定理的关键。这再次表明:清晰与运算是数学强有力的根本。

横看成岭侧成峰，远近高低各不同。

不识庐山真面目，只缘身在此山中。

——苏轼《题西林壁》

黄宾虹的山水画

第 7 章

方程求解过程的再分析——正规扩域和正规子群

前面第 5 章从数集范围扩大的角度分析了多项式方程求解过程,提炼出"数域"的数学概念,作为观察研究的目标;第 6 章从对称性角度,更为具体说来是置换角度,分析了方程求解数域扩大的特征,抽象出"群"的数学概念,作为观察研究的目标。本章将再次回到方程求解过程的观察分析,看看求解过程中的数域扩大所得的分裂域及其伽罗瓦群有什么更为深入的特征?

依据第 5 章分析,我们知道,一个扩域可以由不可约多项式的一个根扩展而成,而且这个扩域的次数与此不可约多项式的次数是一致的。但是,这个扩域在大多数情况下是不能包含其他根的扩域的。所以,我们更多时候关注的是由这个不可约多项式所有根扩域而成的那个数域,我们称之为分裂域的那个数域,因为它看似更完备。分裂域是完备的吗?这里完备的意思是,是否存在一个其他的不可约多项式,它的分裂域比此多项式分裂域更大或者它的分裂域虽然未必比此分裂域大,但在和此分裂域有交集的同时,至少还有一部分并不在此分裂域内?如果没有,我们就认为此分裂域是完备的。

令人兴奋的是:分裂域果真是完备的!

虽然结论不寻常,但是道理很简单。因为如果存在另一个不可约多项式,其分裂域比此分裂域更大,这就意味着这个新的不可约多项式一定包含此多项式所有的根,因此新多项式一定含有此多项式这个"约数",这与新多项式不可约矛盾;如果存在另一个不可约多项式在和此分裂域有交集的同时,至少有一部分并不在此分裂域内,这就意味着此新的多项式和原多项式有公共根,有公共的"约数",却又不相同。但是,这与两个多项式都是不可约多项式矛盾。

从帮助理解角度看,上述说法是可以的,但不严密。因为两个多项式的分裂域有非空扩域交集,并不意味着这两个多项式有公共根。存在一种情况:一个多项式的根是关于另一个多项式所有根的有理多项式表达。那么,在这种情况下,如何说明多项式分裂域是完备的呢?

这需要利用多项式的对称性质,或者说,如果把这个问题说清楚了,将帮助我们更深刻地了解多项式根的对称性及其本质性作用。

假设数域 F 上的不可约多项式方程 $f(x)=0$ 有 n 个根:$x_1, x_2, \cdots, x_n$。根据第 5 章的单代数扩域定理可知,一定可以找到一个数 α,上面 n 个根扩域而成的分裂域可由此一个数 α 扩域而成。这个数通常可表示为

$$\alpha = \sum_{i=1}^{n} a_i x_i \tag{7.1}$$

这里 a_i 属于数域 F。让 n 个根在式(7.1)中作置换，这样便可得到下面 $n!$ 个 α_j：

$$\alpha_j = \sum_{i=1}^{n} a_i (x_i)^{\sigma_j} \tag{7.2}$$

其中 σ_j 表示 n 个根的一个置换。构造下列多项式：

$$G(x) = \prod_{j=1}^{n!} (x - \alpha_j) \tag{7.3}$$

这是一个 $n!$ 次多项式，其系数是关于 n 个根 $x_1, x_2, \cdots, x_n$ 的对称多项式表达式。我们知道，任何一个关于 n 个根的对称多项式，都可由基本对称表达式(4.1)表达出来。根据韦达定理，基本对称表达式可由 $f(x)$ 的系数表达，因此 $G(x)$ 的系数属于数域 F，即 $G(x)$ 是域 F 上的多项式。显然，$G(x)$ 未必是一个域 F 上的不可约多项式。为此，从 $G(x)$ 中分离出一个域 F 上不可约多项式，令其为 $g(x)$，次数为 m，根集为原根集 $\{\alpha_j, j=1,2,\cdots,n!\}$ 的一个子集，记为 $\{\beta_j, j=1,2,\cdots,m\}$。

现在假设有另一个域 F 上的不可约多项式 $p(x)$，其一个根 γ_1 在 $f(x)$ 的分裂域上，那么一定可以找到 γ_1 的一个关于 β_1 的有理表达式 $\varphi(\beta_1)$（因为前面已经说明 $f(x)$ 分裂域可由一个 β_1 扩域而成），即

$$\gamma_1 = \varphi(\beta_1) \tag{7.4}$$

再令

$$\gamma_i = \varphi(\beta_i), \quad i=1,2,\cdots,m \tag{7.5}$$

构造下列多项式：

$$q(x) = \prod_{i=1}^{m} (x - \gamma_j) \tag{7.6}$$

这是一个 m 次多项式,其系数是一个关于 m 个根$\{\gamma_j, j=1,2,\cdots,m\}$的对称多项式,因为$\{\gamma_j, j=1,2,\cdots,m\}$的任何一个置换,式(7.6)都不变,故 $q(x)$ 也是一个域 F 上不可约多项式,这便回到了我们论证最初的情形,$p(x)=0$ 和 $q(x)=0$ 是有一个共同根 γ_1 的两个不可约多项式方程,故它们有一样的根系,即 $p(x)=0$ 的所有根都在 $f(x)$ 的分裂域上。

　　这就较为严格地证明了多项式分裂域的完备性。数学上把具有这种完备性的扩域称为正规扩域。严格的说法是:如果数域 F 上的不可约多项式方程 $g(x)=0$ 的一个根在 $f(x)$ 的分裂域中,那么 $g(x)=0$ 的所有根都应该在此分裂域中。这个结论很重要,因为有下面关于正规扩域的结论:建立在正规扩域序列上的伽罗瓦群序列是正规群序列。这表明我们研究的多项式分裂域序列及其伽罗瓦群序列是结构分明、层次清晰的。

　　下面我们就来说明为什么建立在正规分裂域序列上的伽罗瓦群序列是正规群序列。如图 7.1 所示,假设一个域 F 上的多项式 $f(x)$ 的分裂域为 E,其方程求解过程是先用拉格朗日置换法将其降次到另一个分裂域为 K 的域 F 上的多项式 $g(x)$,然后求解。从域角度看,我们先是将域 F 扩大到域 K,再由 K 扩大到域 E。从群角度看,在这个扩域序列中

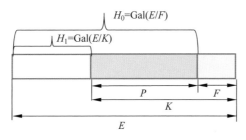

图 7.1　正规子群示意图

有两个伽罗瓦群 $H_0 = \mathrm{Gal}(E/F)$ 和 $H_1 = \mathrm{Gal}(E/K)$，我们要证明 H_1 是 H_0 的正规子群。设 H_0 中任意元素 η，即要证明左陪集 ηH_1 等于右陪集 $H_1\eta$。为了清楚看到 H_0 中任意元素 η 作用在 K 上不同部分的区别，我们将 K 分成 F 和 P，如图 7.1 所示。为了更加形象，这里不妨给出一个例子：F 上的 K 扩域是一个由不可约多项式的三个根 x_1、x_2 和 x_3 构成的分裂域，而 F 上的 E 扩域是除了 K 之外还有另外一个不可约多项式的两个根 y_1 和 y_2 的分裂域共同构成。根据定义

$$H_1 = \{\sigma \mid \sigma \in \mathrm{Aut}\, E, \quad a^\sigma = a, \quad b^\sigma = b, \quad \forall a \in F, \quad \forall b \in P\} \qquad (7.7)$$

具体到上述例子

$$H_1 = \{\sigma_1, \sigma_2\} \qquad (7.8)$$

其中 σ_1 和 σ_2 是下面两个置换：

$$\sigma_1 = \begin{pmatrix} y_1 & y_2 \\ y_1 & y_2 \end{pmatrix}, \quad \sigma_2 = \begin{pmatrix} y_1 & y_2 \\ y_2 & y_1 \end{pmatrix} \qquad (7.9)$$

那么根据定义左陪集 ηH_1 应该是

$$\eta H_1 = \{\eta\sigma \mid \eta\sigma \in \mathrm{Aut}\, E, \quad (a^\sigma)^\eta = a, \quad (b^\sigma)^\eta = b^\eta,$$
$$\forall a \in F, \forall b \in P\} \qquad (7.10)$$

这就是说左陪集是 E 所有元素自身一一对应的置换，满足作用在域 F 上元素不变，作用在 P 上元素的结果等于 η 作用在 P 上元素的结果。具体到上述例子，假设 η 是如下置换：

$$\eta = \begin{pmatrix} y_1 & y_2 \\ y_2 & y_1 \end{pmatrix} \begin{pmatrix} x_1 & x_2 & x_3 \\ x_3 & x_1 & x_2 \end{pmatrix} \qquad (7.11)$$

那么左陪集 ηH_1 就应该是由如下两个元素组成：

$$\eta H_1 = \{\eta\sigma_1, \eta\sigma_2\} \qquad (7.12)$$

因为 H_1 中元素对 x_1、x_2 和 x_3 构成的分裂域 K 保持不变,所以

$$\eta\sigma_1 = \begin{pmatrix} y_1 & y_2 \\ y_2 & y_1 \end{pmatrix} \begin{pmatrix} x_1 & x_2 & x_3 \\ x_3 & x_1 & x_2 \end{pmatrix} \cdot \begin{pmatrix} y_1 & y_2 \\ y_1 & y_2 \end{pmatrix} = \begin{pmatrix} y_1 & y_2 \\ y_2 & y_1 \end{pmatrix} \begin{pmatrix} x_1 & x_2 & x_3 \\ x_3 & x_1 & x_2 \end{pmatrix}$$

$$(7.13)$$

$$\eta\sigma_2 = \begin{pmatrix} y_1 & y_2 \\ y_2 & y_1 \end{pmatrix} \begin{pmatrix} x_1 & x_2 & x_3 \\ x_3 & x_1 & x_2 \end{pmatrix} \cdot \begin{pmatrix} y_1 & y_2 \\ y_2 & y_1 \end{pmatrix} = \begin{pmatrix} y_1 & y_2 \\ y_1 & y_2 \end{pmatrix} \begin{pmatrix} x_1 & x_2 & x_3 \\ x_3 & x_1 & x_2 \end{pmatrix}$$

$$(7.14)$$

再来看右陪集 $H_1\eta$ 是什么结果。不难知道,仍然是 E 所有元素自身一一对应的置换,而且作用在域 F 上元素不变,困难是作用在 P 上元素的结果究竟是什么? 因为我们不知道 η 作用在 P 上元素的结果是什么? 但是,我们知道:因为 K 是正规扩域,所以域 F 其他扩域与 K 的交集除 F 之外,没有其他元素,这就是说 H_0 中的 η 既不能把 K 之外元素变到 K 内,也不能把 K 之内元素变到 K 外,故 η 作用在 P 上元素之后所得元素一定仍属于 P,也就当然属于 K,而 H_1 中元素 σ 作用在 K 上元素是不变的,所以 $(b^\eta)^\sigma = b^\eta$,故右陪集为

$$H_1\eta = \{\sigma\eta \mid \sigma\eta \in \mathrm{Aut}\, E, \quad (a^\eta)^\sigma = a, \quad (b^\eta)^\sigma = b^\eta,$$

$$\forall a \in F, \quad \forall b \in P\} \tag{7.15}$$

具体到我们所举的例子,右陪集 $H_1\eta$ 也有如下两个元素:

$$H_1\eta = \{\sigma_1\eta, \quad \sigma_2\eta\} \tag{7.16}$$

其中,

$$\sigma_1\eta = \begin{pmatrix} y_1 & y_2 \\ y_1 & y_2 \end{pmatrix} \cdot \begin{pmatrix} y_1 & y_2 \\ y_2 & y_1 \end{pmatrix} \begin{pmatrix} x_1 & x_2 & x_3 \\ x_3 & x_1 & x_2 \end{pmatrix} = \begin{pmatrix} y_1 & y_2 \\ y_2 & y_1 \end{pmatrix} \begin{pmatrix} x_1 & x_2 & x_3 \\ x_3 & x_1 & x_2 \end{pmatrix}$$

$$(7.17)$$

$$\sigma_2 \eta = \begin{pmatrix} y_1 & y_2 \\ y_2 & y_1 \end{pmatrix} \cdot \begin{pmatrix} y_1 & y_2 \\ y_2 & y_1 \end{pmatrix} \begin{pmatrix} x_1 & x_2 & x_3 \\ x_3 & x_1 & x_2 \end{pmatrix} = \begin{pmatrix} y_1 & y_2 \\ y_1 & y_2 \end{pmatrix} \begin{pmatrix} x_1 & x_2 & x_3 \\ x_3 & x_1 & x_2 \end{pmatrix}$$

$$(7.18)$$

比较式(7.10)和式(7.15),式(7.12)～式(7.14)以及式(7.16)～式(7.18),有

$$\eta H_1 = H_1 \eta \tag{7.19}$$

故 H_1 是 H_0 的正规子群。由此可见,正规扩域序列中建立的伽罗瓦群序列是正规序列群。

艺术的第一利器，是他的美。像人间一个最深情的淑女，当来人无论怀了何种悲哀的情绪时，她第一会使人得到他所愿得的那种温情和安慰，而且毫不费力。

——林风眠

林风眠的仕女画

第
8
章

高次方程分解与扩展群序列之关系

　　有了上述关于群和域的一些理解之后，让我们回到本著的核心问题：
n 次多项式方程根表达式是否存在？从域的扩充角度看，如果根表达式
存在，其扩域及其相应的群结构是非常清晰的。这就是应该存在一个扩
域序列 $F = K_0 \subseteq \cdots \subseteq K_i \subseteq K_{i+1} \cdots \subseteq K_r \subseteq K_{r+1} = E$，其中后一个 K_{i+1}
都是前一个 K_i 的正规扩域，而且在 K_{i+1} 中定义 K_i 上的伽罗瓦群 $G_i =$
$\mathrm{Gal}(K_{i+1}/K_i)$ 是可交换群，如图 8.1(a),(b)所示。从群角度看，由扩域序
列 $F = K_0 \subseteq \cdots \subseteq K_i \subseteq K_{i+1} \cdots \subseteq K_r \subseteq K_{r+1} = E$ 可以定义一个群序列
$H_0 \supseteq \cdots H_i \supseteq H_{i+1} \cdots \supseteq H_r \supseteq H_{r+1}$，其中 $H_i = \mathrm{Gal}(E/K_i)$。显然 $H_{r+1} =$
$\mathrm{Gal}(E/E) = 1$，如图 8.1(c)所示。依据韦达定理，我们知道通用意义上

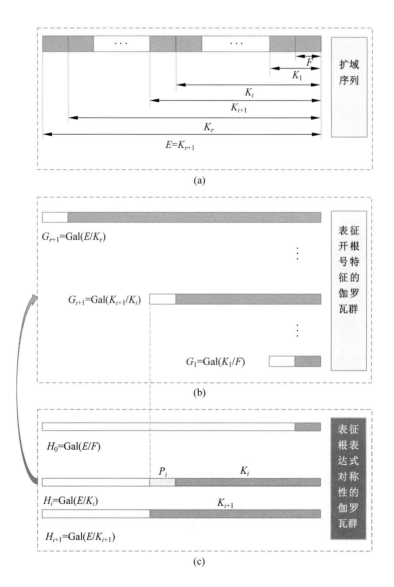

图 8.1 方程求解所对应扩域序列、表征开根号特征的伽罗瓦群以及

表征根表达式特征的伽罗瓦群之间关系的示意图

的根表达式对于 n 个根 $\{x_1,x_2,\cdots,x_n\}$ 的任何一个置换,表达式不变,换言之,包含方程所有根的数域,对于 $\{x_1,x_2,\cdots,x_n\}$ 的任何一个置换 $\{x_{j_1},x_{j_2},\cdots,x_{j_n}\}$(这里 $j_1,j_2,\cdots,j_n$ 是 $1,2,\cdots,n$ 的一个置换),数域不变。这就意味着:由方程系数域扩充而成包含方程所有根的最小扩域,即多项式的分裂域,它的伽罗瓦群同构于 $\{x_1,x_1,\cdots,x_n\}$ 的置换群,即 $\{1,2,\cdots,n\}$ 的置换群 S_n,这就表明 $H_0=S_n$。除此之外,关于这个群序列,我们无法直接看出其他特征了。但是我们知道表示开根号特征的伽罗瓦群 $\mathrm{Gal}(K_{i+1}/K_i)$ 是一个交换群,据此可以推测群序列 $H_0\supseteq\cdots$ $H_i\supseteq H_{i+1}\cdots\supseteq H_r\supseteq H_{r+1}$ 一定还有其他特征。这个特征也许在建立伽罗瓦群 $H_i=\mathrm{Gal}(E/K_i)$ 和伽罗瓦群 $G_{i+1}=\mathrm{Gal}(K_{i+1}/K_i)$ 的关系之后,才能显现。下面我们就来分析 H_i 和 G_{i+1} 究竟有什么关系。

　　为了得到 $H_i=\mathrm{Gal}(E/K_i)$ 和 $G_{i+1}=\mathrm{Gal}(K_{i+1}/K_i)$ 之间的关系,我们首先建立一个 $H_i=\mathrm{Gal}(E/K_i)$ 到 $G_{i+1}=\mathrm{Gal}(K_{i+1}/K_i)$ 的映射关系 σ_i。因为 K_{i+1} 是 K_i 的正规扩域,所以 H_i 中的任意变换 η 都有 $K_{i+1}^\eta=K_{i+1}$,不会把 K_{i+1} 中元素变到 K_{i+1} 之外,也不会把 K_{i+1} 之外元素变到 K_{i+1}。故可以建立如下映射关系 φ:将 E 中 K_i 上的伽罗瓦群 $H_i=\mathrm{Gal}(E/K_i)$ 视为 K_{i+1} 中 K_i 上的伽罗瓦群 $G_{i+1}=\mathrm{Gal}(K_{i+1}/K_i)$。

　　为了更形象,我们还是以第 7 章的例子来说明。假设 K_i 到 K_{i+1} 扩域是一个由不可约多项式方程的三个根 x_1、x_2、x_3 构成的分裂域,而 K_i 到 E 的扩域是除了 K_{i+1} 之外还有另外一个不可约多项式方程的两个根 y_1、y_2 构成的分裂域共同构成。这样伽罗瓦群 $H_i=\mathrm{Gal}(E/K_i)$ 就是一个有 12 个置换变换构成的集合,$G_{i+1}=\mathrm{Gal}(K_{i+1}/K_i)$ 是一个有 6 个置换变换构成的集合。对于 H_i 中两个变换 η_1 和 η_2,不妨设为

$$\eta_1 = \begin{pmatrix} y_1 & y_2 \\ y_2 & y_1 \end{pmatrix} \begin{pmatrix} x_1 & x_2 & x_3 \\ x_3 & x_1 & x_2 \end{pmatrix} \tag{8.1}$$

$$\eta_2 = \begin{pmatrix} y_1 & y_2 \\ y_1 & y_2 \end{pmatrix} \begin{pmatrix} x_1 & x_2 & x_3 \\ x_3 & x_2 & x_1 \end{pmatrix} \tag{8.2}$$

那么

$$\eta_1 \cdot \eta_2 = \begin{pmatrix} y_1 & y_2 \\ y_2 & y_1 \end{pmatrix} \begin{pmatrix} x_1 & x_2 & x_3 \\ x_3 & x_1 & x_2 \end{pmatrix} \cdot \begin{pmatrix} y_1 & y_2 \\ y_1 & y_2 \end{pmatrix} \begin{pmatrix} x_1 & x_2 & x_3 \\ x_3 & x_2 & x_1 \end{pmatrix}$$

$$= \begin{pmatrix} y_1 & y_2 \\ y_2 & y_1 \end{pmatrix} \begin{pmatrix} x_1 & x_2 & x_3 \\ x_1 & x_3 & x_2 \end{pmatrix} \tag{8.3}$$

依据映射关系 φ 的定义

$$\eta_1^\varphi = \begin{pmatrix} x_1 & x_2 & x_3 \\ x_3 & x_1 & x_2 \end{pmatrix} \tag{8.4}$$

$$\eta_2^\varphi = \begin{pmatrix} x_1 & x_2 & x_3 \\ x_3 & x_2 & x_1 \end{pmatrix} \tag{8.5}$$

$$(\eta_1 \cdot \eta_2)^\varphi = \left(\begin{pmatrix} y_1 & y_2 \\ y_2 & y_1 \end{pmatrix} \cdot \begin{pmatrix} x_1 & x_2 & x_3 \\ x_1 & x_3 & x_2 \end{pmatrix} \right)^\varphi = \begin{pmatrix} x_1 & x_2 & x_3 \\ x_1 & x_3 & x_2 \end{pmatrix}$$

$$\tag{8.6}$$

而 $G_{i+1} = \mathrm{Gal}(K_{i+1}/K_i)$ 中的运算规则也有

$$\eta_1^\varphi \cdot \eta_2^\varphi = \begin{pmatrix} x_1 & x_2 & x_3 \\ x_3 & x_1 & x_2 \end{pmatrix} \cdot \begin{pmatrix} x_1 & x_2 & x_3 \\ x_3 & x_2 & x_1 \end{pmatrix} = \begin{pmatrix} x_1 & x_2 & x_3 \\ x_1 & x_3 & x_2 \end{pmatrix} \tag{8.7}$$

比较式(8.6)和式(8.7),有 $(\eta_1 \cdot \eta_2)^\varphi = \eta_1^\varphi \cdot \eta_2^\varphi$,所以映射关系 φ 是同态满射。把同态满射 φ 的核记为 $\overline{H}_{i+1} = \{\eta \mid \eta \in H_i, \eta$ 是 K_{i+1} 中的恒等变

换〉。因为 K_{i+1} 是 K_i 的正规扩域，H_i 中任何变换元素对于 K_{i+1} 之外元素也只能将其变换为 K_{i+1} 之外，不会变到 K_{i+1} 之内。即 K_{i+1} 之外的 y_i 不会变到 K_{i+1} 之内的 x_j。依据 H_{i+1} 定义，H_{i+1} 是 E 自身的一一对应变换，满足 K_{i+1} 中元素保持不变，故 $\overline{H}_{i+1} = H_{i+1}$。再由第 6 章的同态定理便可知道商群 H_i/H_{i+1} 与伽罗瓦群 $\mathrm{Gal}(K_{i+1}/K_i)$ 同构。由此可以推断商群 H_i/H_{i+1} 是交换群。这个结论从群角度似乎不易观察到。这表明建立群、域之间的对应关系，能使我们把从群、域两个角度观察到的事实合二为一，将我们对高次方程求解的认识提高到一个新的层次。

春眠不觉晓,处处闻啼鸟。

夜来风雨声,花落知多少。

——孟浩然《春晓》

　　浅近的语言,把人从习以为常的麻木中唤起,感受一种平淡、自然之美。

林风眠《池塘荷花》

第 9 章

如何将一个群变成可交换群

第 8 章得出了一个重要结论：一个高次方程可根式求解，就一定存在一个群序列 $1=H_{r+1} \subseteq H_r \subseteq \cdots \subseteq H_{i+1} \subseteq H_i \cdots \subseteq H_0 = S_n$，其中前一个 H_{i+1} 是后一个 H_i 的正规子群，且商群 H_i / H_{i+1} 是交换群。我们把这样的 S_n 称为可解的。换言之，高次方程能否有一般根式的根表达式关键在于 S_n 能否分解为一个商群为交换群的正规子群序列，即 S_n 是可解的。

上述群分解的一个本质要求就是商群必须是交换群。但是，我们知道，S_n 是不可交换群。那么怎样把一个不可交换群变成交换群呢？

让我们首先来研究一下交换群有何特点。设 $\forall a, b$ 属于交换群 A 中两个元素,所以 $ab=ba$。定义算子 $[a，b]=a^{-1}b^{-1}ab$。因为 $ba[a，b]=$ $baa^{-1}b^{-1}ab=ab$,这意味着算子 $[a，b]$ 右作用于 ba 后,就变成顺序换位的 ab 了,所以我们将算子 $[a，b]$ 称为换位算子。重要的是,如果 a、b 是可交换的,那么换位算子 $[a，b]$ 就恒等于单位算子。一个自然的想法就是,如果群 G 不是交换群,那么它所有元素经过换位运算之后构成的集合必然不是只有一个单位元的集合 D,那么这个 D 是否构成群? D 是否是 G 的正规子群? 如果是,那么商群 G/D 是否是交换群? 进一步, D 是否是使商群 G/N 成为交换群的最小子群? 为了准确,我们给 D 一个明确具体的定义: G 中有限个换位算子相乘所得的乘积。很容易验证 D 是 G 的一个子群。

下面证明 D 是 G 的一个正规子群。设 $g \in G$,$[a，b] \in D$,因为

$$g^{-1}[a,b]g = g^{-1}a^{-1}b^{-1}abg = (g^{-1}ag)^{-1}(g^{-1}bg)^{-1}(g^{-1}ag)(g^{-1}bg)$$
$$= [g^{-1}ag,g^{-1}bg]$$

所以 $g^{-1}[a，b]g \in D$。故 D 是 G 的一个正规子群。

记商群 G/D 中元素为 $\bar{g}=gD$,$g \in G$。根据陪集乘法定义可知 $\overline{g}^{-1}=\overline{g^{-1}}$。所以有 $\bar{g}^{-1}\bar{h}^{-1}\bar{g}\bar{h}=\overline{g^{-1}h^{-1}gh}=g^{-1}h^{-1}ghD=D$,这就是说商群中的换位算子都是单位元,这表明此商群是交换群。

任意 $g,h \in G$,根据商群 G/N 是交换群可知 $N=(gN)^{-1}(hN)^{-1} \cdot$ $(gN)(hN)=(g^{-1}h^{-1}gh)N$,这表明 $g^{-1}h^{-1}gh \in N$,所以 $D \subseteq N$。所以换位算子集是使商群 G/N 的最小子集。

因此,我们得到了一个重要结论:一个不可交换群只要除以其换位子群,所得商群便是一个可交换群,而且换位子群是使不可交换群变为可交换群的最小子群。

人生到处知何似？应似飞鸿踏雪泥：

泥上偶然留指爪，飞鸿那复计东西！

老僧已死成新塔，坏壁无由见旧题。

往日崎岖还记否？路长人困蹇驴嘶。

——苏轼《和子由渑池怀旧》

林风眠《青山》

高次方程置换群的换位子群

第 9 章告诉我们对应于高次方程的置换群能否可解,关键在于是否存在一个元素个数不断递减,直至为单位群的换位子群序列。

考虑 S_n 中 3-轮换 $\sigma = (ilj)$,$\tau = (jkm)$(这里 3-轮换 σ 意味着将序列 (ilj) 变成 (jil)),这在 $n \geqslant 5$ 时,总能办到。它们的换位算子 $\sigma^{-1}\tau^{-1}\sigma\tau = (jli)(mkj)(ilj)(jkm) = (ijk)$,这意味着 S_n 中所有 3-轮换的换位算子仍然是所有 3-轮换组成的集合。因为在 H_i 的所有正规子群 N_i 中,使商群 H_i/N_i 为交换群的正规子群 N_i 一定包含 H_i 的换位子集,所以是 H_{i+1} 一定包含 H_i 的换位子集,也就一定包含 H_i 中的所有 3-轮换,因

此子群序列 $H_{r+1} \subseteq H_r \subseteq \cdots \subseteq H_{i+1} \subseteq H_i \cdots \subseteq H_0$ 中每个子群都应包括所有 3-轮换组成的集合,这与 $H_{r+1} = 1$ 矛盾。换言之,S_n 在 $n \geqslant 5$ 时,不可解。

至此,高于五次方程不存在根式解的道理已全部呈现!

第二部分

问题之深化

生命是什么呢，生命是时时刻刻不知如何是好。

生命的最佳状态是冷冷清清的风风火火。

分寸就是力量。

我最感兴趣的是人，人人人人人人人。

——木心

"拉斐尔叫作美，美到形上！后来的写实就不懂形上了""委拉斯凯兹做了一桩事体！"每当读到木心所说的这些话，都让我联想："解方程"是否就是事体，群论才是其中的形上？若果真如此，其实"事体"和"形上"并不真正能分。

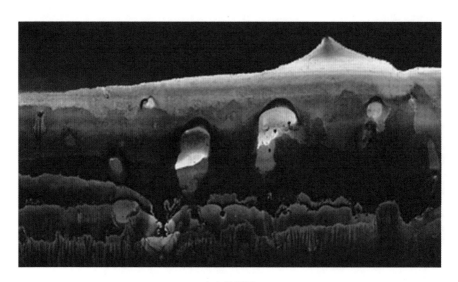

木心转印画

第 11 章

群论思想诞生过程探究

　　经过前面几章的分析，我们已理解了用根式无法表达不小于 5 次的高次方程根。这里尝试用一句话来概括其中的道理：开根号所得扩域，其伽罗瓦群是可交换群，这样的扩域方式，即经过有限次开根号扩域，是无法表达出一个具备非交换伽罗瓦群特征的一般多项式根所形成的扩域的。这个表述虽然不够严格、精细，但大致抓住了问题的要害，抓住了刻画扩域特征的伽罗瓦群是否可交换这个本质。这是创立群论背后的核心思想。这个思想看似简单，得来却并不容易，是几代优秀数学家不断探索，对方程求解过程不断抽象的结果。这个思想的诞生至少经过了以下四次对方程求解过程的抽象。

对方程求解过程的第一次抽象是欧拉在 1762 年发表的论文《论任意次方程解》中完成的。在这篇论文中,欧拉对任意次方程解的形式进行了抽象,得出任意次方程解可表示成如下形式:

$$p_0 + p_1 R^{\frac{1}{n}} + p_2 R^{\frac{2}{n}} + \cdots + p_{n-1} R^{\frac{n-1}{n}}$$

这里 R 是某个 $n-1$ 次"辅助"方程的解,$p_i (i=0,1,\cdots,n-1)$ 是原方程系数的某个代数表达式。这个抽象结果不难理解,但很重要。可惜,欧拉也许是因为关注了太多的研究方向,没有时间在此基础上去深入研究这个问题,因而也没能再往前推进。

对方程求解过程的第二次抽象是由范德蒙德、拉格朗日、鲁菲尼、阿贝尔等人完成的。这次抽象得到的结论是:一个 n 次方程的所有根都可由根置换式线性组合表达出来。这里根置换式是指方程 n 个根的置换与相应 n 次单位根乘积之和。譬如 $\{x_1,x_2,x_3,\cdots,x_n\}$ 的一个置换为 $\{x_2,x_1,x_3,\cdots,x_n\}$,那么此置换下的置换式为 $x_2+\omega x_1+\omega^2 x_3+\cdots+\omega^{n-1}x_n$;再譬如 $\{x_1,x_2,x_3,\cdots,x_n\}$ 的另一个置换为 $\{x_1,x_3,x_2,\cdots,x_n\}$,那么此置换下的置换式为 $x_1+\omega x_3+\omega^2 x_2+\cdots+\omega^{n-1}x_n$,显然这样的置换式最多有 $n!$ 个。拉格朗日注意到这些置换式可以分类,对于每一类中的所有置换式,存在一个自然数 k,所有置换式的 k 次方,结果是一样的。而且,这样分类的置换式种类数一定是 $n!$ 的约数,这便是前面第 3 章介绍的拉格朗日定理。依据这个特点,拉格朗日提出了一种前面第 2 章介绍的置换求解方法,并指出不小于 5 次的高次方程有可能不可根式表达。下面我们来理解一下为什么一个 n 次方程的所有根都可由根置换式线性组合表达出来。

在欧拉结论的基础上,对辅助方程解不断应用欧拉结论,便可得出任意次方程解可表示成如下形式：

$$q_0 + q_1 S^{\frac{1}{m}} + q_2 S^{\frac{2}{m}} + \cdots + q_{m-1} S^{\frac{m-1}{m}} \tag{11.1}$$

这里 $S, q_i (i = 0, 1, \cdots, m-1)$ 是原方程系数的某个代数表达式，m 的最大值为 $n!$。将此解形式代入原方程，可得

$$t_0 + t_1 S^{\frac{1}{m}} + t_2 S^{\frac{2}{m}} + \cdots + t_{m-1} S^{\frac{m-1}{m}} = 0 \tag{11.2}$$

如果 t_i 有一个不为 0，那么令 $z^m = S$，这样下面两个方程

$$z^m - S = 0 \quad \text{与} \quad t_0 + t_1 z + t_2 z^2 + \cdots + t_{m-1} z^{m-1} = 0$$

必有一个或多个公共根。若有 k 个公共根，则一定可找到一个 k 次方程，其根为此 k 个公共根，系数为 S 和 t_i 的有理函数。令这个方程为

$$r_0 + r_1 z + r_2 z^2 + \cdots + r_k z^k = 0$$

因为这个方程所有根与 $z^m - S = 0$ 的根相同，所以此方程所有根都形如 $\alpha_\mu z (\mu = 0, 1, \cdots, k)$，$\alpha_\mu$ 是方程 $\alpha_\mu^m - 1 = 0$ 的一个根。将形如 $\alpha_\mu z$ 的所有根分别代入上述方程得

$$r_0 + r_1 \alpha_0 z + r_2 \alpha_0^2 z^2 + \cdots + r_k \alpha_0^k z^k = 0$$

$$r_0 + r_1 \alpha_1 z + r_2 \alpha_1^2 z^2 + \cdots + r_k \alpha_1^k z^k = 0$$

$$\vdots$$

$$r_0 + r_1 \alpha_{k-1} z + r_2 \alpha_{k-1}^2 z^2 + \cdots + r_k \alpha_{k-1}^k z^k = 0$$

将这 k 个方程看成未知数为 $z, z^2, \cdots, z^k$ 的线性方程，那么 z 一定可以由 r_i 和 α_μ 的有理函数表达出来，这与 z 的假设相矛盾。因此式(11.2)中的 t_i 都为 0。由此可推出：如果式(11.1)是方程的一个解，那么将式(11.1)中的 $S^{\frac{1}{m}}$ 替换为 $\alpha^i S^{\frac{1}{m}}$ 也一定是方程的解，这里 α 是方程 $\alpha^{m-1} + \alpha^{m-2} + \cdots + \alpha + 1 = 0$ 的根。这样，方程的根就可表达成

$$x_1 = q_0 + q_1 S^{\frac{1}{m}} + q_2 S^{\frac{2}{m}} + \cdots + q_{m-1} S^{\frac{m-1}{m}}$$

$$x_2 = q_0 + q_1 \alpha S^{\frac{1}{m}} + q_2 \alpha^2 S^{\frac{2}{m}} + \cdots + q_{m-1} \alpha^{m-1} S^{\frac{m-1}{m}}$$

$$\vdots$$

$$x_{m-1} = q_0 + q_1 \alpha^{m-2} S^{\frac{1}{m}} + q_2 \alpha^{2(m-2)} S^{\frac{2}{m}} + \cdots + q_{m-1} \alpha^{(m-1)(m-2)} S^{\frac{m-1}{m}}$$

$$x_m = q_0 + q_1 \alpha^{m-1} S^{\frac{1}{m}} + q_2 \alpha^{2(m-1)} S^{\frac{2}{m}} + \cdots + q_{m-1} \alpha^{(m-1)(m-1)} S^{\frac{m-1}{m}}$$

利用 α 的性质,从上述方程组中可以解出

$$q_0 = \frac{1}{m}(x_1 + x_2 + \cdots + x_m)$$

$$q_1 S^{\frac{1}{m}} = \frac{1}{m}(x_1 + \alpha^{m-1} x_2 + \cdots + \alpha x_m)$$

$$\vdots$$

$$q_{m-1} S^{\frac{m-1}{m}} = \frac{1}{m}(x_1 + \alpha x_2 + \cdots + \alpha^{m-1} x_m)$$

由此可知,高次方程所有根都可由根的置换式表达出来。拉格朗日、鲁菲尼、阿贝尔意识到了根置换式的重要性,并据此提出了一种系统求解高次方程的置换求解方法。

柯西在拉格朗日、鲁菲尼研究的基础上,将根置换式单独拿出来进行了进一步研究,并在 1815 年发表了关于根置换式取值数量的论文。在这篇论文中,为了研究根置换式取值种类数量,柯西引进了复合置换的思想,这便是后来群论中的乘法运算。尤为重要的是,通过研究,意识到复合置换运算与数域中的乘法运算很不一样,前者不能交换,后者可以交换。经过柯西这样的第三次抽象,我们看到群论思想已经呼之欲出了。

比较能透彻理解群论思想的无疑是伽罗瓦。伽罗瓦不仅从前人那里理解了根置换式的重要性,而且做了进一步简化、抽象。伽罗瓦意识到根置换式中的单位根及其取值都非本质,真正本质的是根置换本身,这反映

了扩域系统的对称性或者说扩域系统对称的程度。而且,最重要的是当根是任意分布时,次序变换的乘积是不可交换的;当根均匀分布于圆周时,它们又是可交换的。伽罗瓦清晰地意识到系统的对称程度是系统的最为本质的特征之一。至此,群论思想便诞生了。伽罗瓦在这一思想指导下,创立了绝妙的、强有力的群论。

一般认为,创立群论的伽罗瓦是天才,这是从群论创立的结果所看到的,因为群论确实太新奇了,完全不同于以前的数学。但是,如果了解了上述群论思想的诞生过程,我们或许会觉得群论创立其实是必然,是长期探索、不断思考的必然结果。每一次抽象过程绝非不可捉摸,实际上,每一次抽象过程都是较为合理的数学抽象过程。因此,与其说群论是天才的发现,不如说是人类在欧几里得几何所奠定的学术传统下不断探索的结晶。如果说有天才,那么天才的最大特征或许应该是专注与坚持。当然,四次抽象的更细微机理,也就是这四次抽象究竟是怎么得到的,在怎样的条件下一定会得到,还是说不清楚的,或许创造者本人也未必说得清,这就是创造本身的不可预测性、神秘性,这或许就是生命中蕴含的真正原创力的本质。

原创力培养应该更多地依靠营造氛围,让受教者感受创造过程的不可预测、神秘,体会探索的孤独、恐惧、艰辛,而不是让受教者过多被动地接受对求解答案的剖析。国内奥林匹克竞赛(奥赛)顶级高手很少成为大家,可能与所受教育、训练方式有关。国内奥赛训练,通常为了迅速提高解题能力,往往过早、过多地阅读和记忆了奥赛题的求解答案,过多地接受了奥赛名师对奥赛题的剖析,忽略或者说不愿意花时间切身体会对奥赛题求解探索的煎熬。貌似早成,实为后劲不足;看似赢在起跑线,实际是输掉了一生。

简洁是智慧的灵魂，冗长是肤浅的藻饰。

——莎士比亚《哈姆雷特》

达·芬奇《岩石圣母》

第12章

更为一般的伽罗瓦群——阿丁引理

至此,通过分析高次方程分裂域的伽罗瓦群特征,已彻底地揭示了高次方程不可根式求解的秘密。下面抛开高次方程这个背景,研究一下更一般的伽罗瓦群特征。我们要研究的广义伽罗瓦群是这么定义的:设 E 是任意域,G 是 E 自同构满射变换群的任意有限子群,F 是群 G 的不变子域。显然,这么定义的 E 未必是 F 上的分裂域,自然也就未必有群域等数关系。那么它们有什么关系呢?

这个关系是由阿丁(E. Artin)引理揭示的,即:$[E:F] \leqslant |G|$,这里 $|G|$ 表示群 G 的阶数。这个结论可以这么理解:设 $G = \{\eta_1 = 1, \eta_2, \cdots, \eta_n\}$。

考虑 E 中 m 个数 $\{u_1, u_2, \cdots, u_m\}$，这里 $m > n$。记 u_j 在 η_i 下的像是 $a_{ij} = u_j^{\eta_i}$。考虑 n 个关于 $x_1, x_2, \cdots, x_m$ 的线性方程 $\sum\limits_{j=1}^{m} a_{ij} x_j = 0, i = 1, 2, \cdots, n$。因为变量个数大于方程个数，所以此线性方程组必有非零解。选解 $\boldsymbol{b} = \{b_1, b_2, \cdots, b_m\}$，使得其中所出现的不为零的分量 b_j 个数最少。

不失一般性，还可设 $b_1 = 1$。因为 u_j 在 η_1 下的像 $a_{1j} = u_j$，所以 $\sum\limits_{j=1}^{m} u_j b_j = 0$。因此，如果 b_j 都在数域 F 中，那么 $u_1, u_2, \cdots, u_m$ 在 F 中线性相关。根据扩域次数定义可知：$[E:F] \leqslant |G|$。如果存在某个 b_j 不在 F 中，则 G 中必存在 η_k，使 $b_j^{\eta_k} \neq b_j$。把 η_k 作用在解 $\boldsymbol{b}$ 满足的方程组 $\sum\limits_{j=1}^{m} a_{ij} b_j = 0, i = 1, 2, \cdots, n$，得到 $\sum\limits_{j=1}^{m} a_{ij}^{\eta_k} b_j^{\eta_k} = 0, i = 1, 2, \cdots, n$。这里 $a_{ij}^{\eta_k} = u_j^{\eta_i \eta_k}$。因为 G 是一个群，所以 $\{\eta_1 \eta_k, \eta_2 \eta_k, \cdots, \eta_n \eta_k\} = \{\eta_1, \eta_2, \cdots, \eta_n\}$。这一步很重要，是由群运算的封闭性得到的。所以 $\sum\limits_{j=1}^{m} a_{ij} b_j^{\eta_k} = 0, i = 1, 2, \cdots, n$。故 $b_j^{\eta_k}$ 也是方程的一个解。因为 $b_1^{\eta_k} = 1^{\eta_k} = 1$，所以将上述两个解满足的方程相减，得到一个新解 $\boldsymbol{b}' = \{0, b_2', \cdots, b_m'\}$。显然这组解 $\boldsymbol{b}'$ 非零分量个数比 $\boldsymbol{b}$ 至少减少一个。与假设矛盾。所以 b_j 必都在数域 F 中，即 $u_1, u_2, \cdots, u_m$ 在 F 中线性相关。根据扩域次数定义可知：$[E:F] \leqslant |G|$。

由上述论证过程可以知道，域和群都是较为抽象的概念，直接思考它们，不易把握，但是将它们转化为线性相关或线性方程组，问题就具体了，便于把握了。

故一切言语之足以感人者，皆诗也。

圣人始教，以诗为先。

———马一浮《复性书院讲录》

拉斐尔《西斯廷圣母》

拉格朗日定理逆命题成立吗？——西罗定理

　　这一章我们试图走得更远一点，从广义伽罗瓦群走到更一般的群，看看能发现什么？

　　对于一般群，关于其子群，我们有一个重要的结论，这就是拉格朗日定理，即子群阶数一定是群阶数的约数。那么，其逆命题：阶数为群阶数约数的子群一定存在吗？虽然答案是否定的，但是沿着这个问题去思考，并非一无所获，我们可以发现如下的结论：

　　一个群 G 的阶数是 p^k（p 是素数）的倍数，但不是 p^{k+1} 的倍数，那么一定存在阶数为 p^k 的子群。

　　这是挪威数学家西罗（P. L. Sylow）在 1871 年给出的，是一个比拉格朗日定理更深刻的定理。

为了叙述方便，我们把阶数为 p^k 的子群称为 p-子群。为了能找到这个 p-子群，我们考虑从群 G 中选 p^k 个元素组成的集合 R。假设群 G 的阶数为 $n=p^k m$（p 不能整除 m），这样就有 $\mathrm{C}_n^{p^k}$ 个 R 那样的集合。将 $\mathrm{C}_n^{p^k}$ 个 R 那样的集合组成一个更高层次的集合，记为 Λ。这里所谓更高层次是指 Λ 中元素不是 G 中的元素，而是 G 中的元素组成的 R 那样的集合。

下面我们首先来分析一下 Λ 的元素个数。Λ 的元素总个数 $|\Lambda|$ 可表示成

$$|\Lambda|=\mathrm{C}_n^{p^k}=\frac{p^k m \cdot (p^k m-1) \cdot (p^k m-2) \cdot \cdots \cdot (p^k m-(p^k-1))}{1 \cdot 2 \cdot 3 \cdot \cdots \cdot (p^k-1) \cdot p^k}$$

将分子与分母中的因子 $(p^k m-k)$ 与 k 配对考虑，易见当且仅当 $p^i(i \leqslant k)$ 整除 k 时，p^i 整除 $(p^k m-k)$，所以 $|\Lambda|$ 一定不含有因子 p，即 Λ 的元素总个数一定不是 p 的倍数。

下面再来研究集合 Λ 的结构。为此，考虑 G 中的元素 g 作用于 Λ。对于 Λ 中的两个元素 R_i、R_j，如果 G 中存在元素 g，使得 $R_j=gR_i$，那么我们称 R_i 在 G 下可迁移为 R_j。Λ 中所有可迁移的元素组成一类，称为一个轨道，这样 Λ 就被分成没有交集的若干个轨道，可表示成

$$|\Lambda|=|\Lambda_1|+|\Lambda_2|+\cdots+|\Lambda_t|$$

这里 $\Lambda_i(i=1,2,\cdots,t)$ 表示某个轨道。因为 $|\Lambda|$ 不是 p 的倍数，所以必有一个轨道其元素个数也不是 p 的倍数，不妨记为 Λ_S。设 Λ_S 中两个元素 R_i、R_j，根据轨道定义，我们知道存在属于 G 的 g_i 和 g_j，满足 $R_i=g_i R_1$，$R_j=g_j R_1$，这里 R_1 也是 Λ_S 中的一个元素。定义 R_i 和 R_j 相乘为 $R_i \cdot R_j=g_i g_j R_1$，据此不难验证 Λ_S 为一个群。在 Λ_S 中取一个元素

R，通过 $g_iR(g_i$ 属于 $G)$，建立从 G 到 Λ_S 的映射。显然，这是一个同态满射。令 Q 是这个映射的核，即

$$Q = \{q \mid q \in G, qR = R\}$$

根据第 6 章同态定理，有

$$|\Lambda_S| = |G/Q|$$

因为 $|\Lambda_S|$ 不是 p 的倍数，而 $|G| = p^k m$，所以 $|Q|$ 必是 p^k 的倍数，即

$$p^k \mid |Q| \tag{13.1}$$

又因为对于任意 Q 中元素 q，有 $qR = R$，所以 q 属于 R，故 Q 属于 R，进而有下面关系

$$|Q| \leqslant |R| = p^k \tag{13.2}$$

综合式(13.1)和式(13.2)可知，$|Q| = p^k$。这便找到了阶数为 p^k 的 G 的子群 Q。故阶数为 p^k 的 G 的子群一定存在。

群是一个很空的概念，要抓住它，必须将其作用于一个具体的东西，譬如一个域，像第 12 章阿丁引理证明那样；或者在更高的层面看其相互作用，像本章一样，构造一个更高层次的集合 Λ，观察其在群作用下的轨道分离特征，从而发现了西罗定理。由此可见，抛开多项式背景，群似乎很空，但极其本质。从某种意义上说，群论给出了一套简化复杂系统的方案：通过不断地抽象、映射，一层一层剔除，最后使系统骨架清晰展示。

存，吾顺事；没，吾宁也。

——张载《西铭》

普桑《收拾福基翁骨灰的风景》

伽罗瓦群与置换群同构的高次方程构造

　　虽然我们知道一般意义上的高次方程，其伽罗瓦群与置换群同构，但是这只是原则上说的，我们也只是给出了合理的解释，并没有具体构造出一个任意高次方程，证明其伽罗瓦群一定同构于置换群。本章目的就是要具体构造出一个任意素数次方程，并证明其伽罗瓦群一定同构于置换群。

　　我们分两步来实现这件事。首先给出一个定理，这个定理告诉我们只要多项式满足怎样的条件，其伽罗瓦群就一定同构于置换群；然后根据这个定理，我们具体构造出伽罗瓦群同构于置换群的高次方程。

　　定理　设 $f(x)$ 是有理系数的素数 p 次不可约多项式，如果 $f(x)$ 有且只有一对共轭非实零点,则其在有理数域 $\mathbf{Q}$ 上的伽罗瓦群同构于置换群 S_p。

首先根据代数基本定理[*],$f(x)$ 有 p 个零点 $x_1,x_2,\cdots,x_p$,其分裂域 $E=Q(x_1,x_2,\cdots,x_p)$。依据分裂域群域等数关系,伽罗瓦群 $G=\mathrm{Gal}(E/Q)$ 的阶数为 E 的扩域次数 $[E:Q]$。又依据单代数扩域结构定理可知 $Q(x_1)$ 的扩域次数为 p,故伽罗瓦群 G 的阶数一定是 p 的倍数。又伽罗瓦群 G 是置换群 S_p 的子群,我们知道 S_p 的阶数为 $p!$,故伽罗瓦群 G 的阶数一定是 $p!$ 的约数,所以 G 的阶数不是 p^2 的倍数。根据西罗定理,G 一定有阶数为 p 的子群,并记此子群为 N。

因为置换群的任何一个子群都可表示成互不相交的轮换的乘积,且子群的阶为所有轮换因子长的最小公倍数,故 p 阶子群 N 所含元素一定是 S_p 中的 p-轮换,不妨设其中一个元素为 $\sigma=(1\ j_2\cdots\ j_p)$。另一方面,因为 $x_1,x_2,\cdots,x_p$ 中有且仅有两个共轭非实复根,不妨设为 x_1 和 x_2,所以 G 中存在一个对换 $\tau=(1\ 2)$。因为 p 为素数,一定存在 k,使得 $\sigma^k=(1\ 2\ i_3\cdots\ i_p)$。保持复根次序,将其他根重新排序,可得 $\alpha=\sigma^k=(1\ 2\ 3\cdots\ p)$。因为

$$\alpha^{-1}(1\ 2)\alpha=(2\ 3)$$

$$\alpha^{-1}(2\ 3)\alpha=(3\ 4)$$

$$\vdots$$

$$\alpha^{-1}(p-2\ p-1)\alpha=(p-1\ p)$$

又因为 S_p 可由上述 $p-1$ 个对换 $(1\ 2),(2\ 3),\cdots,(p-1\ p)$ 生成,故伽罗

---

[*] 代数基本定理:任何复系数一元 n 次多项式方程在复数域上至少有一根($n\geqslant1$)。由此推出,n 次复系数多项式方程在复数域内有且只有 n 个根(重根按重数计算)。

瓦群 $G = \mathrm{Gal}(E/Q)$ 同构于置换群 S_p。

布饶尔构造　德国数学家布饶尔（R. D. Brauer）依据上述定理，巧妙地构造出了伽罗瓦群与置换群同构的素数 p 次方程。布饶尔的方法如下。

构造如下素数 p 次多项式

$$f(x) = (x^2 + m)(x - n_1)(x - n_2)\cdots(x - n_{p-2}) - 2$$

这里 $p \geqslant 5$, $n_1 < n_2 < \cdots < n_{p-2}$ 均是偶数。分别在区间 (n_{i-1}, n_i) 和 (n_i, n_{i+1}) 取奇数 h_i 和 h_{i+1}，不难验证

$$f(h_i)f(h_{i+1}) < 0$$

又 $f(n_1) = -2 < 0$, $f(\infty) > 0$，故 $f(x) = 0$ 有 $p-2$ 个实根。

设 $x_1, x_2, \cdots, x_p$ 是 $f(x) = 0$ 的 p 个根，则有

$$\prod_{i=1}^{p}(x - x_i) = (x^2 + m)(x - n_1)(x - n_2)\cdots(x - n_{p-2}) - 2$$

比较两边 x^{p-1} 和 x^{p-2} 的系数，可得

$$\sum_{i=1}^{p} x_i = \sum_{i=1}^{p-2} n_i$$

$$\sum_{i<j} x_i x_j = m + \sum_{i<j} n_i n_j$$

故有

$$\sum_{i=1}^{p} x_i^2 = \left(\sum_{i=1}^{p} x_i\right)^2 - 2\sum_{i<j} x_i x_j = \sum_{i=1}^{p-2} n_i^2 - 2m$$

取 m，使其满足

$$m > \frac{1}{2}\sum_{i=1}^{p-2} n_i^2 \tag{14.1}$$

则

$$\sum_{i=1}^{p} x_i^2 < 0$$

故至少一个根不为实数,从而 $f(x)=0$ 有且仅有两个非实复根。将 $f(x)$ 写成

$$f(x) = x^p + a_1 x^{p-1} + \cdots + a_p$$

不难知道 a_i 均是偶数,且 a_p 不能被 4 整除。由艾森斯坦判别法[*]可知,$f(x)$ 是有理数域不可约多项式。故在 m 满足条件式(14.1)时,$f(x)$ 的伽罗瓦群与置换群 S_p 同构。至此,便具体构造出了一个伽罗瓦群与置换群 S_p 同构的高次方程。

---

[*] 艾森斯坦判别法:对于整系数多项式 $f(x)=a_n x^n + a_{n-1} x^{n-1} + \cdots + a_0$,如果存在素数 p,使得 p 不整除 a_n,但整除其他 a_i($i=0,1,\cdots,n-1$),p^2 不整除 a_0,那么 $f(x)$ 在有理数域上是不可约的。

知尽性至命,必本于孝悌。穷神知化,由通于礼乐。

——程颐《明道先生行状》

伦勃朗《以马忤斯的晚餐》

第 15 章

回望群论创建

　　现在让我们站在问题解决的高峰,回望一下解决问题所走过的路,看看能否从群论建立中获得一些启示,为我们未来的创新提供一点营养。

　　群论创建起源于高次方程求解的探索。大量的求解尝试孕育出一种意识:根表达式置换的对称性与开根号所得根的圆周均匀分布很不一致。这种意识也许很多数学家都有,但大多是模糊的,对其重要性认识不足,更没有人意识到它是一种新理论的基石所在。伽罗瓦在前人探索的基础上,逐渐清晰地察觉到这种不一致是问题的本质、核心,需要建立一种新的数学理论才能阐释清楚这种不一致现象。

　　如何建立数学理论?欧几里得的几何便是一个样板,从研究对象——大量的几何图形中找出最基本的图形及其公理,利用推理,便可理解所有复杂图形。针对这里的研究对象——多项式方程根系的置换,我们首先建立起"群"及其"子群"的概念。这个概念中最重要的一点是群中元素在定义的乘法运算下的封闭性。紧接着最要紧的是建立起群和子群的关系。我们设想将子群看成一个整体单位,想办法用它去分割群。为此,我们引入"陪集"的概念,建立起群与子群相除的运算法则以及相除所得的"商群"概念。进一步研究发现,为了使群与子群相除结果唯一,以及所得商群照样满足群的运算规则,子群必须是正规子群,即子群的左陪集和右陪集是一样的。这个发现使我们明白,要看清群的结构,要紧的是一层一层地找到其正规子群序列。

用群的概念去审视方程根系的置换,我们有一个重要的发现:一般多项式方程根系置换所构成的群,其元素之间的乘法不可交换;而常数方程(其根可根式表达)根系置换所构成的群,其元素之间的乘法可交换。这表明这两种群的构造法则有本质不同。这就把直觉的感受用数学中最本质的运算法则简洁地表达出来了。

进一步,再从两个角度去看多项式方程根系置换所构成的群:一个角度是从群分解的角度,如果多项式方程的解可根式表达,则一定存在一个正规子群序列,这个序列的首端是方程所有根的置换群,末端是单位群;另一个角度是从可根式表达的常数方程的伽罗瓦群序列来理解。这个序列的首尾两端和上面那个序列完全一样,但是中间的每个伽罗瓦群都对应常数方程的伽罗瓦群,是可交换群。

利用映射思想,可建立起这两个序列的关系,发现正规子群序列前后两个群的商群与伽罗瓦群序列中的某个群同构,这就意味着这个正规子群序列有一个重要的限制,这就是此序列中任意前后两个群的商群一定是交换群。

上述已基本上构建了群论的框架。在群论的视野下,多项式方程能否根式求解,就转化为置换群是否存在一个正规子群序列,此序列前后两个群的商群是可交换群。我们知道,这个序列的首端一般不是可交换群,这就意味着一个非交换群,可以通过找到一个其正规子群,其商是可交换群。这可能吗?

为了回答上述问题,我们考虑一个更一般的问题:一个非交换群除以一个什么样的子群,其商才是可交换群。研究发现:换位子群是使其商为交换群的最小子群。事实是:当多项式方程次数不小于 5 时,所有 3-轮换群的换位子群仍是所有 3-轮换群。这表明次数不小于 5 的多项式方程置换群不可分解到单位群,即不可根式求解。

以上简要回顾了伽罗瓦群理论的构建过程,从中可以看到:群论创造过程实际上就是对方程求解的总结、提炼、抽象过程。这个抽象过程关键有两点:①发现了一种全新的观察视角,用多项式方程根系的置换来考察根式表达的对称程度;②建立了群的运算法则,尤其是两个群相除的条件和运算法则,为研究群的结构提供了强有力的工具。

理论往往埋藏于好的数学问题之中。对于好的数学问题需要深入、反复的思考,需要站在统一的高度,需要发现新的视角,才能看到一些基本事实,它们往往是理论构建的源泉和基础。这些事实看似平凡,但经过推理或运算,却能构筑参天大厦。欧几里得的几何如此,伽罗瓦的群论同样如此。

第三部分

问题之联想

我现在画的画,跟窦和范·申德尔的光线场景很不一样,本世纪画家的最大成就之一,就是赋予黑暗以色彩。

——梵高《梵高手稿》

梵高《夜间露天咖啡座》

第16章

思想之力量

　　高次方程不可根式求解的论证展现了思想的力量,值得玩味、深究。

　　展现人类思维力量的东西有很多,譬如欧几里得几何中的论证,牛顿力学定律对天体运行的准确预测。相比这些,从美学角度来看,高次方程不可根式求解的论证不仅丝毫不逊色,而且有其独到的令人神往之处,更奇特、更抽象、更像是武侠中的最高境界:无招胜有招!

　　这个论证深刻地展示了抽象之重要。抽象是什么?抽象就是发现一种观察角度,用这个角度去观察分析事物,去掉其次要部分,强化主要部分,形成概念,建立规则。这里极其重要的是观察角度,从某种意义上说,它就是一种思想。在论证高次方程不可根式求解中,伽罗瓦发现了一种前所未有的观察视角，并将其精确化：用对称置换观察求解过程，并演化出一套系统的演算规则，这便是群论。后来的数学发展表明，这种思想是一种基本的、强有力的研究复杂系统的观察视角，成为现代数学诞生的标志之一。

这个论证还展示了映射思想的重要。这个思想的力量集中体现在第 6 章同态定理的揭示过程，以及第 8 章利用同态定理清晰地看到了商群 H_i/H_{i+1} 和根号表示群 G_i 同构，从而看到了商群 H_i/H_{i+1} 是交换群这个不易看到的特征，为论证高次方程不可根式求解找到了关键。映射思想不仅在高次方程不可根式求解的论证中发挥了极其重要的作用，在很多重要数学问题中都离不开它。譬如德国数学家康托尔用映射的思想清晰地给无穷进行了划分：自然数和有理数是一样多的，无理数要比有理数多；再譬如奥地利数学家哥德尔用映射的思想证明了"任何形式逻辑体系都不可能是完备的"。

自然仍然是我的源泉，我夸张甚至改变原本的题材。尽管如此，我没有编造整个画面——正相反，我发现的是自然中已有但是尚未被展开的事物。

——梵高《梵高手稿》

梵高《午后休闲时光》

一个古典数学难题——三等分角

能否只用直尺和圆规将任意角三等分,这是古希腊一个几何作图难题,一直引起无数数学家和数学爱好者的浓厚兴趣。可是一直没有解决,直到 1837 年,法国数学家旺策尔(Wantzel)才给出了不可能的严格证明。

其实,如果大家熟悉了高次方程不可根式求解的证明思想,回答这个问题就是一件很容易的事情。

首先,让我们用代数的观点去看看直尺和圆规究竟能做怎样的事?直尺能画出一条斜率为任意有理数的直线,圆规能画出半径是任意有理数的圆。但是,我们更关心能作出怎样数值的坐标点,因为它最基本,如果能作出任意实数坐标的点,那么就意味着能作出任何图形。那么用直尺和圆规能作出怎样数值的坐标点呢？我们可以用直尺和圆规直接作出任意整数坐标的点。除此之外，还可以用直线和直线、直线与圆、圆与圆的交点产生其他数值坐标点。直线与直线交点坐标最后是转化为求解一次方程得到的，故只能产生有理数值坐标点；直线与圆，以及圆与圆交点坐标最后可转化为求解二次方程得到，故能产生无理数坐标点，但是这个无理数不是任意的，只能是有理数上 2 次扩域中的无理数。当然，我们可以反复利用直线与圆、圆与圆交点来进一步扩大数域，但每次都是在前一次基础上扩大 2 次，故能作出的坐标点数值只能在有理数上 2^n 次扩域中。

由上分析可得：从数域扩大角度来看，直线和圆只能产生有理数上 2^n 次扩域中的数。

那么三等分角要产生怎样的数值坐标点呢？三等分角问题要求：对于一个任意角 3θ，我们要用直尺和圆规得到 θ。这个角度要求转化成数值就变成：已知 $\cos(3\theta)$，如何用直尺和圆规得到 $\cos\theta$？利用三角恒等式，它们之间有如下关系：

$$\cos(3\theta) = 4\cos^3\theta - 3\cos\theta \tag{17.1}$$

令 $\cos(3\theta)=a$，$\cos\theta=x$，则

$$4x^3 - 3x = a \tag{17.2}$$

先看一个特例 $\theta=20°$，即 $a=1/2$，那么式（17.2）就变成

$$8x^3 - 6x - 1 = 0 \tag{17.3}$$

不难证明式（17.3）没有有理根。

因为假设其有一个有理根 $x=q/p$（q 和 p 互质），那么

$$q^2(8q - 6p) = p^3 \tag{17.4}$$

因为 p 和 q 是互质的自然数,所以由式(17.4)可知 q 只能为 1,故

$$2(4-3p)=p^3 \tag{17.5}$$

由式(17.5)可知 p 必为偶数,令 $p=2p_1$,将其代入式(17.5),得

$$p_1(2p_1^2+3)=2 \tag{17.6}$$

由式(17.6)右边可知 p_1 只能为 1 或 2,但显然这两个值都不能满足式(17.6)。故式(17.3)没有有理根。因此其根属于有理数域上的 3 次扩域上的无理数。但是,直尺和圆规只能产生有理数上 2^n 次扩域中的数,故无法作出角 $3\theta=60°=\pi/3$ 的三等分角。

因此,不是任意角都能用直尺和圆规三等分的。

我要用一个苹果让巴黎震惊。

——塞尚

塞尚《有水果的静物》

群论、微积分、复数

群论的建立过程,让我们切实体会到抽象的群论来源于对于高次方程求解这个核心问题的研究,基于对于这个核心问题的研究所观察到的几个简单基本事实。但是,这个简单的事实绝不是用老观点、老视角所能观察得到的,而是新观点、新视角下的自然产物。所谓抽象实际上是站在统一的高度,采取特殊的观察角度;所谓高明的抽象是发现了一种极易看清事物本质的角度,把不同事物联系起来。数学上的抽象是一种可运算的观察角度。这种抽象不仅仅体现在群论的发明中,而且还体现在微积分、复数等重要数学概念的发明中。

我们知道,17 世纪物理上迫切需要给出即时速度和即时加速度的定

义以及相应的运算规则。根据常识,我们很容易知道平均速度就是走过
距离与走过这段距离所需时间之比。依据这个平均速度的定义,我们自
然就会给出:即时速度就是在趋近于零的时间里所走过的距离与这段趋
近于零的时间之比。根据这个定义,我们要计算即时速度似乎就无法绕
开如何计算 0/0 这样一个基本问题。这使我们陷入困境。

伟大的数理学家牛顿在思考这个问题时,换了一个角度:将趋近于
零这段时间看成微小变量,这样就可给出在这个微小变量下所走距离的
表达式。用这个距离表达式去除以这个趋近于零的时间微小变量,然后
再令趋近于零的这个时间微小变量为零,牛顿发现上述 0/0 困境就完全
绕开了。譬如,假设距离和时间的关系为 $s=t^2$。在 t 到 $t+\Delta t$ 时间里所
走过的距离为 $(t+\Delta t)^2-t^2=2t\Delta t+(\Delta t)^2$,将这个距离与 Δt 相除得
$2t+\Delta t$,再令 $\Delta t=0$,便可得到在 t 时刻的即时速度为 $2t$。由此可见,这个
换角度看问题很重要。

牛顿意识到了这一点。不仅如此,牛顿还仔细分析了用这个观察角
度研究问题的关键。不难看到,绕开困境的关键在于,先将趋近于零的时
间看成一个微小变量,研究在这个微小变量下的因变量变化,最后再让微
小变量趋近于零。换言之,将微小变量趋近于零的过程放在整个计算的
最后是这个处理方法的关键。而要实现这个关键就需要能将原表达式展
开成关于微小变量的表达式。对于因变量是关于自变量为整数阶多项式
的关系来说,我们有现成的二项式定理很容易完成这件事。可是对于分
数阶二项式如何展开呢?对于一般函数如何展开呢?牛顿沿着这样的视
角,发现了分数阶二项式展开公式,以及其他函数的展开公式,创建了强
有力的数学工具——微积分。

下面再来看看复数的发明。我们知道,复数也来源于方程求解的研究。在实数域,方程 $x^2+1=0$ 无解。可是,如果我们换个角度看这个方程,发明一个数,称之为虚数单元 i,使它的平方等于 -1,那么这个方程不是有解了吗? 沿着这个视角,制定虚数运算的规则,欧拉发现了一个重要恒等式 $(re^{ix})^n=r^n(\cos nx+i\sin nx)$。利用这个关系,高斯证明了:$n$ 次多项式方程有 n 个根的代数基本定理。随后,柯西、黎曼、魏尔斯特拉斯等人将复数引入微积分,发现了一系列重要的关系,使复变函数成为分析数理问题的重要工具。这一切源于我们换个角度去看方程 $x^2+1=0$ 的根。

一题多解是训练我们多角度看问题的好方法。高斯就特别重视这种方法。高斯先后给出过 4 个代数基本定理的证明,8 个二次互反定理的证明。每一种新的证明无非是换一个角度去看问题。多角度看问题,不仅仅能加深对问题、对已有工具的理解,更为重要的是,它往往能孕育新的理论。这或许是数学创造的最重要方式之一。

所谓构图,就是把画家要用来表现情感的各种要素,以富有装饰意义的手法加以安排的艺术。

——亨利·马蒂斯

马蒂斯的绘画

第19章

群、诗、画

新的视角往往是数学创造的源泉。其实，又何尝只是数学，诗、画等艺术又何尝不是如此。

"横看成岭侧成峰，远近高低各不同。不识庐山真面目，只缘身在此山中。"这是一首大家熟知的诗，表达了诗人在看山时的感受。套用这首诗，人们在群论创造中的感受或许可以表达为："横看成岭侧成峰，远近高低各不同。要识群论真面目，多角细察构想中。"

一首好诗往往是从一个新的视角观察，发现了一种新的感受。"黄河之水天上来，奔流到海不复回"，在于将黄河之水与天连接的构想，写出了对黄河之水磅礴气势的一种新感受。"月落乌啼霜满天，江枫渔火对愁

眠。姑苏城外寒山寺,夜半钟声到客船。"这首诗给我带来艺术感受最深的是"寒山寺传来的钟声",那种遥远、悠扬、沁人心脾的意境。"明月松间照,清泉石上流"可以说发现了整个夜色中能直通心灵、唤起心灵愉悦的关键。"生活就像海洋,凡是有生活的地方,就有快乐和宝藏",这完全是对生活的一种新的视角。

一幅好画往往不取决于对人物、场景的逼真程度,而是在于能否发现唤起人共鸣的视角,并对这种视角下的美进行修饰、加强、扩大、构建。齐白石说"作画妙在似与非似之间"。在我看来,这里的"似"是指抓住了特殊视角下能彰显人物、场景神韵的部分,"不似"是指忽略那些不重要部分。齐白石画的妙就在于总能发现虫、虾、人等最生动的一面。黄宾虹晚年画风的突破在于发现了一种用积墨层层叠加的方式表现出山水的重、厚、仁。莫奈的《日出》在于发现了一种旭日东升下水面、天空色彩斑斓的朦胧美。梵高的《夜间露天咖啡座》在于发现了用色彩能构建一种让都市忙碌的人们休憩的画面。

多视角看自然,是科学创新之源;多视角看人生,是艺术创新之源。

那个时候,对于大多数人来说,非洲面具不过是一个民族学物品……我强迫自己留下来研究这些面具。人们为了神圣与魔法的目的制作这些物品,让它们在人类与不可知的敌对力量之间斡旋,通过这个方式,赋予其颜色与形状,从而克服自身的恐惧感。这时我才意识到这就是绘画的意义。绘画不是一个美学过程,而是介于这些力量与我们之间的一种魔法,一种获取权力的方式,它凌驾于我们的恐惧与欲望之上。当我理解了这一点的时候,我知道自己找到了前进的方向。

你能想到的都是真实的。

——巴勃罗·毕加索

毕加索《亚维农少女》

　　达·芬奇的《岩石圣母》、拉斐尔的《西斯廷圣母》、毕加索的《亚维农少女》，以及林风眠的《仕女图》，放在一起看是有趣的，对比是强烈的。人，很复杂，不同视角下观察，往往有不同的艺术形象。绘画的发展，不仅仅是技法的演进，或许更重要的是不断地去发现新的挖掘人的视角，以及由此产生的绘画技艺。

第 20 章

群论、原创力、教育

　　群论创建是一项极具原创力的工作，是由伽罗瓦单独完成的。但是，这绝不意味着其他学者对此毫无贡献。对方程求解直接有贡献的就可以列举出一长串名字：塔尔塔里亚、卡尔丹、费尔拉里、欧拉、拉格朗日、高斯、鲁菲尼、柯西、阿贝尔等，他们的工作直接或间接地肥沃了群论诞生的土壤。群论的诞生是人类探索求解高次方程中的一次飞跃。

　　原创力往往诞生于对核心、具体问题的长期探索、不断积累。提高原创力，需要理清学科中最本质、最核心的问题，需要理清其内涵，需要长期探索和不断积累。着急与原创力背道而驰！

　　群论创造如此，文学创作同样如此。屈原的《天问》、陈子昂的《登幽州台歌》都是诗人对天地演化、历史发展长期思考的感情迸发。

绘画艺术中的创造也是如此。文艺复兴绘画艺术的突破来自于思想观念的突破。这一时期的哲学观念是关注人和现实自身的美,而非神。透视原理这一古典绘画艺术基本原则的发明和确定,正是对如何逼真绘画人和自然景观长期探索、不断积累的产物。印象派画家的形成来自于对绘画对象的扩大。这一时期的画家已不满足于描绘静态的、理想背景下的人和自然,而是要捕捉瞬态的、复杂背景下的人和自然美,这种美更符合现实,更易与人产生共鸣。后印象派画家以及其他现代画派的诞生则来自于对绘画对象多视角下的分析、抽象、综合。这些画家已不满足于绘画人和自然的外在形式,而是要反映观赏人的心理状态。对这一问题的探索和研究,发现了色彩、变形与人心理的复杂关系,并成为绘画中的重要语言。

无疑,原创力来自于对核心问题长期深入的思考。这个过程往往是漫长、孤寂、不可预测的生命体验,像伽罗瓦对于方程求解的探索、梵高对于向日葵的观察和绘画、黄宾虹对于山的观察和绘画,都是如此。在这个探索过程中,一定是越走越深、越走分支越多,甚至会迷失。所以还需要能不断地从问题中走出来,走到问题的外面,站在不同角度反复凝视,不断舍弃次要元素,不断提炼,直至本质显现。这又是一个追求简洁的过程。深入不是目的,只是过程,深入是为了浅出。能浅出,在于发现了最佳的观察角度。对科学而言,从这个角度出发能看到一些基本事实,基于这些基本事实能构建一个逻辑体系,将道理阐明得最为透彻,问题解决得最为彻底,欧几里得的几何、伽罗瓦的群论、牛顿的力学、麦克斯韦的电磁理论都是如此;对艺术而言,从这个角度能看到最直接、最容易唤起人共鸣的东西。艺术便是留下、强化这些东西，而忽略其他东西。李白用绮丽的想象来构建对不同事物感受的联系；梵高在追求用绘画表达内心的探索中，发现了色彩与心理之间的联系，突出了用色彩表达生命特征的方式；黄宾虹深化了积墨的方法，来表达山的浑厚华滋。这些都是深入浅出的典范。

这个追求浅出、追求简洁的过程很多时候是抽象的。群论是抽象的。之所以抽象，是因为日常学习生活中较少从深层次的对称性这一角度看问题。倘若反复练习从这一角度思考问题，抽象的东西也会变得具体，即熟"抽象"而生"具体"。我猜测代数几何学家克罗滕迪克之所以能像我们思考具体问题一样去思考抽象问题，盖缘于其所受数学训练与常人不同，克罗滕迪克更多地始于抽象数学。

原创力的诞生不仅需要对核心问题的长期深入研究，而且更需要对研究观察到的事实进行不断、反复的抽象，直至发现最佳观察角度，并在这一观察角度下发明一套理论或语言。说白了，原创力的诞生需要深入浅出。深入不能浅出的结果只能是迷失。这种深入浅出，说得更准确些就是简洁，是一种最高形式的美，正如达·芬奇所说："Simplicity is the ultimate form of sophistication"（简洁是一种最高形式的美）；莎士比亚在《哈姆雷特》中曾说："Brevity is the soul of wit，and tediousness the limbs and outward flourishes"（简洁是智慧的灵魂；冗长是肤浅的藻饰）。

追求简洁是人的一种基本欲望，是原创力的源泉之一。原创力深埋于人性之中。人性的自由发展是获得原创力的前提。外在的目标设定和强制都很难得到原创力，充其量只能得到一些集成性的创新。尤其是当强制的外在目标与人性矛盾后，这种强制只能扼杀原创力。

　　当然，这种渴望简洁的本性也会带来很多问题，成为人性的弱点。譬如：在根本没有规律的地方，为了简单，往往会牵强给出所谓的简单合理解释；为了简单，总是倾向于接受一些暗合自己观点或理论的事实，排斥不合的事实。

　　追求简洁的本性既是人类原创力的本源，也是造成人类各种偏见的原因。我们需要通过剖析人类创造出来的精华，去点燃、诱导人们将对简洁追求的欲望转化成一种真正的原创力，避免造成武断、偏见。没有内心激动的简单记忆，机械重复的教育是远远不够的，需要对诸如群论等人类智慧来龙去脉的深入挖掘，激动澎湃地反复理解、赞美直至内化于心。不仅要在意识层面能记忆理解，而且要通过长时间的反复累积，不同场合的多角度应用，深入到我们的潜意识之中。这或许才是教育的终极目标！

前不见古人，后不见来者。

念天地之悠悠，独怆然而涕下。

——陈子昂《登幽州台歌》

极其准确地描写出一个先行探索者的生存状态。

林风眠《秋鹭》

这是林风眠的一幅秋鹭。林风眠先生曾说过：任何艺术都是暗示。这幅画或许在暗示：在前不见古人，后不见来者的苍茫大地中前行，常常是孤寂的。前行的方向只能来自于内心。这是自由的代价，是获得原创力的代价。